高校转型发展系列教材

网络与通信技术
案例分析及应用

崔立民　贾冬梅　周　昕　编著

清华大学出版社
北京

内 容 简 介

网络与通信技术是高校计算机类、电子信息类、自动化类等专业的重要教学内容，教学中对实践性要求较高。在完成相关的理论教学后，需要有一套完整的实践教学体系来配合，从而达到理论结合实际、加深理论认知、提高实践技能的学习目的。本书以某高校理工实验楼数据通信系统工程设计项目为背景，选取其中的典型应用场景，设计了网络与通信技术在实践过程中常用到的技术案例，讲解了每个案例所用到的技术原理、配置方法和实现路径。

本书可作为高校相关专业的教材，也可作为网络与数据通信工程应用实践培训的参考用书。

本书封面贴有清华大学出版社防伪标签，无标签者不得销售。
版权所有，侵权必究。举报: 010-62782989，beiqinquan@tup.tsinghua.edu.cn。

图书在版编目(CIP)数据

网络与通信技术案例分析及应用 / 崔立民，贾冬梅，周昕编著. —北京：清华大学出版社，2020.10
高校转型发展系列教材
ISBN 978-7-302-56359-4

Ⅰ.①网… Ⅱ.①崔… ②贾… ③周… Ⅲ.①计算机网络－高等学校－教材②通信技术－高等学校－教材 Ⅳ.① TP393 ② TN91

中国版本图书馆 CIP 数据核字 (2020) 第 167469 号

责任编辑：施 猛
封面设计：常雪影
版式设计：方加青
责任校对：马遥遥
责任印制：吴佳雯

出版发行：清华大学出版社
网　　址：http://www.tup.com.cn, http://www.wqbook.com
地　　址：北京清华大学学研大厦 A 座　　邮　编：100084
社 总 机：010-62770175　　邮　购：010-62786544
投稿与读者服务：010-62776969, c-service@tup.tsinghua.edu.cn
质 量 反 馈：010-62772015, zhiliang@tup.tsinghua.edu.cn

印 装 者：北京鑫海金澳胶印有限公司
经　　销：全国新华书店
开　　本：185mm×260mm　　印　张：10.25　　字　数：243 千字
版　　次：2020 年 10 月第 1 版　　印　次：2020 年 10 月第 1 次印刷
定　　价：49.00 元

产品编号：074717-01

高校转型发展系列教材 编委会

主任委员：李继安　李　峰

副主任委员：王淑梅

委　　员：

马德顺	王　焱	王小军	王建明	王海义	孙丽娜
李　娟	李长智	李庆杨	陈兴林	范立南	赵柏东
侯　彤	姜乃力	姜俊和	高小珺	董　海	解　勇

前　言

"网络与通信技术"是通信工程专业、计算机科学与技术专业及相关专业的一门专业课程，该课程以讲解数据通信网络相关技术为主。

本书是辅助"网络与通信技术"课程的实验教程。作者根据多年从事相关课程理论教学和实验教学的经验，以传授知识为基础，以重点培养学生实践能力、解决复杂工程问题能力为目标，结合数据通信网络的课程特点，基于实际案例，对网络与通信技术中经常用到的技术进行了技术分析和案例讲解。

本书所用到的实例，均取自某高校理工实验楼数据通信系统工程设计项目，具有一定的实际应用意义。

本书编写分工：崔立民编写第6章、第8章、第9章、第10章，贾冬梅编写第2章、第3章，周昕编写第1章，任百利编写第4章、第5章，高玉潼编写第7章。全书由崔立民统稿。

在本书的编写过程中，得到了深圳市讯方技术股份有限公司王赫来、周元朋的支持，在此表示衷心感谢。

本书所用到的设备均为华为数据通信相关设备，本书所用到的实例均在华为数据通信虚拟仿真模拟器eNSP上调试通过。书中配置命令部分，行首有提示符的，提示符后为配置命令；行首无提示符的，是设备的信息反馈，书中不再逐一说明。

本书随书资料中包含全部案例的实验项目工程文件，供读者参考。

限于作者水平，书中难免有错漏之处，恳请读者批评指正，反馈邮箱：wkservice@vip.163.com。

作　者
2020年5月

目 录

第 1 章 数据通信技术基础 ··· 1
   1.1 网络与通信协议体系概述 ··· 1
      1.1.1 网络与数据通信概念 ··· 1
      1.1.2 计算机网络体系结构 ··· 2
      1.1.3 开放系统互连参考模型 ·· 3
      1.1.4 TCP/IP体系结构 ··· 6
   1.2 华为VRP概述 ··· 9
      1.2.1 项目任务 ·· 9
      1.2.2 项目任务配置 ·· 10
   1.3 eNSP使用基础 ·· 19
      1.3.1 项目任务 ·· 19
      1.3.2 实验任务配置 ·· 20
   本章小结 ·· 25

第 2 章 虚拟局域网技术 ·· 26
   2.1 项目任务 ··· 26
   2.2 VLAN技术基础 ··· 27
      2.2.1 VLAN关键技术 ·· 27
      2.2.2 VLAN端口类型 ·· 30
   2.3 项目实现 ··· 31
   本章小结 ·· 36

第 3 章 生成树协议 ··· 37
   3.1 项目任务 ··· 37
   3.2 生成树协议技术基础 ·· 38
      3.2.1 生成树协议概述 ··· 38

3.2.2　快速生成树协议 ·· 40
　3.3　项目实现 ··· 41
　本章小结 ·· 46

第 4 章　链路聚合技术 ·· 47
　4.1　项目任务 ··· 47
　4.2　链路聚合技术基础 ·· 48
　4.3　项目实现 ··· 54
　本章小结 ·· 59

第 5 章　静态路由技术 ·· 60
　5.1　项目任务 ··· 60
　5.2　静态路由技术基础 ·· 62
　5.3　项目实现 ··· 66
　本章小结 ·· 71

第 6 章　VLAN 间路由技术 ·· 72
　6.1　项目任务 ··· 72
　6.2　VLAN 间路由技术基础 ·· 73
　　6.2.1　普通 VLAN 间路由技术基础 ·· 73
　　6.2.2　单臂路由技术基础 ·· 75
　　6.2.3　三层交换技术基础 ·· 77
　6.3　项目实现 ··· 78
　　6.3.1　普通 VLAN 间路由 ··· 78
　　6.3.2　单臂路由 ··· 82
　　6.3.3　三层交换 ··· 84
　本章小结 ·· 86

第 7 章　动态路由技术 ·· 87
　7.1　项目任务 ··· 87
　7.2　OSPF 路由协议基础 ··· 89
　　7.2.1　OSPF 简介 ·· 89
　　7.2.2　OSPF 的邻居表、LSDB 与路由表 ··· 90
　　7.2.3　OSPF 身份 ·· 91
　　7.2.4　OSPF 邻居建立 ·· 92
　　7.2.5　路由器 ID 号 ·· 92
　　7.2.6　OSPF 的协议报文 ·· 93

	7.2.7	OSPF的状态	93
	7.2.8	DR和BDR	94
7.3	项目实现		95
	7.3.1	配置端口IP地址	95
	7.3.2	配置OSPF	97
	7.3.3	验证配置OSPF	100
	7.3.4	检测连通性	103
	7.3.5	查看OSPF邻居状态	105
本章小结			106

第8章 DHCP技术 107

- 8.1 项目任务 107
- 8.2 DHCP技术原理 108
  - 8.2.1 认识DHCP业务 108
  - 8.2.2 客户端请求IP地址的工作原理 109
  - 8.2.3 其他DHCP请求的实现 110
- 8.3 项目实现 111
  - 8.3.1 基于接口地址池的DHCP服务器配置 111
  - 8.3.2 基于全局地址池的DHCP服务器配置 113
- 本章小结 117

第9章 NAT技术 118

- 9.1 项目任务 118
- 9.2 NAT技术原理 119
  - 9.2.1 公网IP地址和私有IP地址 119
  - 9.2.2 NAT的作用 120
  - 9.2.3 NAT的基本原理 121
  - 9.2.4 NAT的类型 123
  - 9.2.5 NAT的简单应用 124
- 9.3 项目实现 125
  - 9.3.1 静态NAT的配置 125
  - 9.3.2 静态NAPT的配置 128
  - 9.3.3 Easy IP的配置 129
  - 9.3.4 NAT服务器的配置 130
- 本章小结 135

第10章 IPv6技术基础 ... 136

10.1 项目任务 ... 136
10.2 IPv6技术原理 ... 138
10.2.1 IPv6的地址 ... 138
10.2.2 IPv6的路由 ... 140
10.2.3 IPv6地址的配置 ... 140
10.3 项目实现 ... 141
10.3.1 配置指定的IPv6地址 ... 141
10.3.2 配置OSPFv3 ... 145
10.3.3 配置DHCPv6 ... 149
本章小结 ... 151

参考文献 ... 152

数据通信技术基础

本章介绍了网络与通信协议体系结构及所涉及的相关概念，以及华为VRP应用和eNSP使用基础，具体包括数据通信协议、开放系统互连参考模型、TCP/IP体系结构的协议、华为网络设备的连接、VRP的基本命令、eNSP的具体使用等。通过学习本章内容，读者可掌握数据通信技术的基本理论，了解VRP和eNSP并掌握VRP和eNSP的使用方法。

1.1 网络与通信协议体系概述

计算机的发明，特别是Internet的出现，使以数据为主的计算机通信网得到了迅速的发展。网络的出现也改变了我们的生活方式，我们希望快速地获取最新信息，这也促使数据通信技术从20世纪50年代的萌芽时期开始，快速发展到现在的高速发展和广泛应用时期。美国从20世纪50年代开始研究发展数据通信，欧洲的一些国家和日本也于20世纪60年代末到70年代初开始发展数据通信，在这些发达国家，数据通信发展迅速，现已具有很大规模。数据通信虽然在我国发展较晚，但发展很快，目前我国数据通信进入了一个崭新的高速发展时期。

1.1.1 网络与数据通信概念

随着计算机网络通信技术的深入发展，人们既希望能共享信息资源，也希望各计算机之间能相互快速地传递信息。在这一背景下，计算机技术向网络化方向发展，将分散的计算机连接成网络。所谓计算机网络系统，就是将分布在不同地理区域的、功能独立的计算机通过与外部设备和通信线路互联成一个系统，采用相应的网络软件(网络协议、操作系统等)，实现数据通信与资源共享的系统。应该说，网络通信技术是现代通信技术与计算机技术相结合而产生的一种通信方式和通信业务。它将数据用电信号或光信号表示，并通过传输媒体正确地传输给接收者。为了使整个数据通信过程能按一定的规则有序进行，通信双方必须建立共同遵守的规则协议和约定，并具有执行协议的功能，这样才能实现有意义的数据通信。

在数据通信的过程中，实际上是大家在共享信息，这个"共享"可以是局部的，也可以是远程的，因此说，数据通信是指依照通信协议，在两个设备之间利用传输媒体进行的数据交换。它可实现计算机与计算机、计算机与终端以及终端与终端之间的数据信息传递。它是计算机网络的实现基础,是信息社会不可缺少的一种高效通信方式,也是未来"信息高速公路"的主要内容。

数据通信包含两方面含义:数据传输和数据处理。其中,数据传输是数据通信的基础,而数据处理使数据的远距离交换得以实现。

1.1.2 计算机网络体系结构

1. 计算机网络体系结构的定义

计算机网络通信是一个复杂的过程,因为计算机网络是由多个彼此互联的节点所构成,节点之间需要交换数据、交换控制信息,这就要求相互通信的两个计算机系统必须高度协调工作,要求每个节点必须相互遵守一套合理、严谨的规则,这就是计算机网络互联的协议,也是解决网络互联复杂性系统的分解方法。计算机网络体系结构是一个抽象的概念,是从功能上描述计算机网络的整体结构。

对于一个复杂系统,可以通过"分层"的方式,将庞大而复杂的问题转化为若干较小的局部问题,这些较小的局部问题比较易于研究和处理。

计算机网络体系结构就是计算机网络的分层及其服务和协议的集合,采用层次化结构,将整个计算机网络通信的功能分出层次,每层完成特定的功能,并且采用下层为上层提供服务的方式,是用户进行网络互联和通信系统设计的基础。

2. 计算机网络体系结构分层的原则

计算机网络体系结构分层需遵循以下几项原则。
(1) 按功能分层、归类,每层功能明确、独立。
(2) 层与层的接口适合于标准化,每一层只与相邻层有边界。
(3) 为满足各种通信服务需要,要求网络中各节点都具有相同的层次,相同层次具有相同的功能。
(4) 同等功能层次间,双方必须遵守相同的协议,通过协议来实现对等层之间的通信。
(5) 同一节点内各相邻层之间通过接口通信。
(6) 每一层可以使用下层提供的服务,并向其上层提供服务。

3. 网络通信协议

计算机网络是将多种计算机和各类终端,通过通信线路连接起来的一个复杂系统,要实现资源共享,就必须使网络上的各个节点遵守协调一致的规定,这就是网络协议。所谓协议,是指通信双方共同遵守的用于控制信息交换的规则的集合。由定义可知,网络协议是一套规则,定义了数据发送和接收工作中必经的过程及操作,规定了网络中使用的格式、控制、定时方式、顺序和检错等。

1) 网络通信协议的主要内容

(1) 语法。语法是指数据与控制信息的结构或格式,确定通信时采用的数据格式、编码及信号电平等,回答"怎么讲"的问题。

(2) 语义。协议的语义是指对构成协议的协议元素含义的解释,用于协调和控制差错处理的信息,回答"讲什么"的问题。

(3) 同步(或定时)。它规定了事件的执行顺序,包括速度匹配和排序等。

如果是同一计算机不同功能层次之间的通信,则可通过接口或服务来实现。接口是同一主机内相邻层之间交换信息的连接点,接口或服务规定了两层之间的接口关系及利用下层的功能为上层提供服务的原则。只要接口条件不变、低层功能不变,实现低层协议的技术的变化,不会影响整个系统的工作。

2) 网络通信协议的特点

网络通信协议的特点是层次性、可靠性和有效性。分层协议可以将复杂的问题简单化,同时协议的可靠性和有效性是正常和正确通信的保证,只有协议可靠和有效,才能实现系统内各种资源共享。

网络通信协议层次模型如图1-1所示。

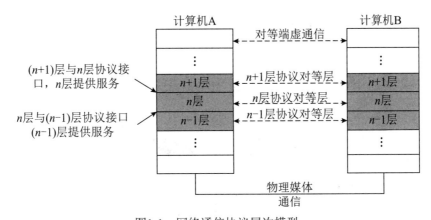

图1-1 网络通信协议层次模型

实体(Entity)是指通信时能发送和接收信息的任何软硬件设施。接口(Interface)是指网络分层结构中各相邻层之间的通信接口。

1.1.3 开放系统互连参考模型

为了使网络系统结构标准化,1978年,国际标准化组织提出了开放系统互连参考模型(OSI/RM),作为指导计算机网络发展的标准协议。

1. 层次结构

OSI(Open System Interconnection，开放系统互连)参考模型是国际标准化组织所制定的网络标准，它定义了不同计算机互连的标准框架结构。在OSI 参考模型中，下一层为上一层提供服务，而各层内部的工作与相邻层是无关的。

开放系统互连网络模型的7层结构如图1-2所示。

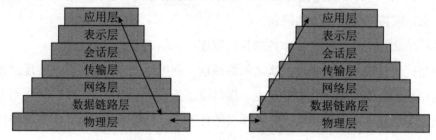

图1-2　开放系统互连网络7层结构

OSI参考模型采用了层次化结构，将整个网络通信的功能分为7个层次，每层完成特定的功能，并且下层为上层提供服务。通常把7层中的第1、2、3 层，即物理层、数据链路层和网络层称为低三层，也称通信子网，执行开放系统之间的通信控制功能，是由计算机和网络共同执行的功能；把第4、5、6、7层称为高层组，也称资源子网，主要执行数据处理功能。因此说，OSI参考模型中高层面向信息处理，OSI参考模型中低层面向数据通信。OSI网络结构的组成如图1-3所示。

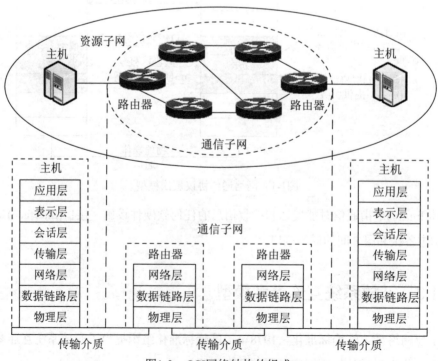

图1-3　OSI网络结构的组成

2. OSI分层结构的功能

1) 物理层

物理层(Physical Layer)是OSI参考模型的最底层，直接与物理传输介质相连。物理层的功能是利用传输介质为通信的网络主机之间建立、管理和释放物理连接，实现比特流的透明传输，为数据链路层提供数据传输服务。物理层的数据传输单元是比特(Bit)。

2) 数据链路层

数据链路层是OSI参考模型的第2层，它的主要功能是在物理层提供服务的基础上，在通信的实体间建立数据链路连接，实现链路管理(即建立连接、维持连接及通信后的释放连接)，传输以帧(Frame)为单位的数据包。为了保证上层数据帧在信道上无差错地传输，该模型采取差错控制和流量控制等方法，使有差错的物理线路变成无差错的数据链路，为网络层提供服务。

数据链路层所传输的一个数据单元称为帧。数据帧是存放数据的有组织的逻辑结构。链路层为了保证通信双方有效、可靠、正确地工作，在接收端，将来自物理层的比特流打包为数据帧，并规定识别帧的开始与结束标志，便于检测传输差错及增加传输控制功能，提供链路数据的流量控制等。

3) 网络层

网络层是OSI参考模型的第3层，主要支持网络连接的实现，为传输层提供整个网络内端到端的数据传输通路，完成网络的寻址。网络层的数据传输单元是分组，网络层通过路由选择算法为分组通过通信子网选择最适当的传输路径，提供路径选择与中继。网络层为传输层提供服务，从传输层来的报文在此转换为分组进行传送，然后在收信节点装配成报文转给传输层，并保证分组按正确顺序传递，实现流量控制、拥塞控制与网络互联的功能。

4) 传输层

传输层是OSI参考模型的第4层，建立在网络层之上，主要功能是为分布在不同地理位置的计算机的进程通信提供可靠的端到端连接与数据传输服务。传输层向高层用户屏蔽了低层通信子网的数据通信细节，使高层用户觉得是在两个传输层实体之间存在一条端对端的可靠通信系统。传输层要建立、拆除和管理传输连接，实现传输层地址到网络层地址的映射，完成端到端可靠的透明传输和流量控制。传输层的数据传输单元是报文。

5) 会话层

会话层是OSI参考模型的第5层，建立在传输层之上，负责组织维护两个会话主机的通信进程之间的对话，协调它们之间的数据流。在这里，用户与用户之间的逻辑联系称为会话。实际上，会话层是用户(应用进程)进网的接口。

会话层的主要功能：在建立会话时，核实对方身份是否有权参加会话；确定何方支付通信费用；在两个通信的应用进程之间负责会话连接的建立、管理和终止以及数据交换；

实施会话活动管理和会话同步管理等。

6) 表示层

表示层是OSI参考模型的第6层，建立在会话层之上，主要解决两个通信系统中交换信息的表示方法差异问题。表示层管理所用的字符集与数据码，数据在屏幕上的显示方式或打印方式，颜色的使用，所用的格式等。

表示层的主要功能是完成信息格式转换，对有剩余的字符流进行压缩与恢复，实现数据的加密与解密等，使信息表示方法有差异的设备之间可以相互通信，提高通信效能，增强系统的保密性等。

7) 应用层

应用层是OSI参考模型的第7层，也是7层协议的最高层，是用户和网络的界面，为应用程序提供网络服务，它包含各种用户使用的协议。在应用层，用户可以通过应用程序访问网络服务，为应用进程访问网络环境提供接口或工具。

1.1.4 TCP/IP体系结构

Internet是计算机网络的集合，由计算机互联而成。为使接入Internet的异种网络以及不同设备之间能够进行正常通信，必须制定一套共同遵守的规则，即Internet协议簇。因为TCP/IP是两个基本和主要的协议，所以习惯上称为TCP/IP协议。随着Internet在全球的飞速发展，TCP/IP协议也得到了广泛应用。

1. *层次结构*

TCP/IP协议使用多层体系结构。TCP/IP协议簇分为网络接口层、网际层(或称互联网络层)、传输层和应用层，如图1-4所示。

图1-4　TCP/IP体系结构

1) 网络接口层

网络接口层是体系结构的最底层，负责通过网络中的传输介质发送和接收IP分组。它采取开放的策略，并没有规定具体的协议，包括各种物理层协议，如Ethernet、Token Ring、X.25分组交换网等。

2) 网际层(或互联网络层)

网际层负责将源主机的报文发送到目的主机，包括处理来自传输层的分组发送请求，处理接收的数据报和互联的路径、流量控制和网络拥塞等。一些管理和控制协议用来支持IP提供的服务。任何一种流行的低层传输协议都可以与TCP/IP协议互联网络层接口，体现了TCP/IP协议体系的开放性、兼容性的特点。

3) 传输层

传输层向应用进程提供端到端的通信服务，对应用层传递过来的用户信息进行处理，保证数据可靠传输。

4) 应用层

应用层是最上一层，包括所有的高层协议。

2. 主要协议

TCP/IP协议簇组成如图1-5所示。

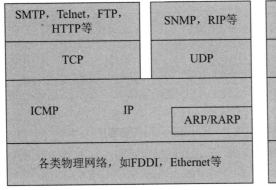

图1-5　TCP/IP协议簇组成

1) 网络接口层

网络接口层代表TCP/IP的物理基础，定义了与各种网络之间的接口，通常包括操作系统中的设备驱动程序、计算机中对应的网络接口卡及各种逻辑链路控制和媒体访问协议等。网络接口层负责网络层与硬件设备间的联系，接收IP数据报并通过特定的网络进行传输等。

2) 网际层

网际层主要针对网际环境设计，网际通信能力较强。网际层由多种协议组成，有IP、ARP、RARP、ICMP。其中，IP是最重要的一个。IP协议提供一种无连接的服务，可完成节点的编址、寻址和信息的分解与打包。

(1) IP协议，即网际协议(Internet Protocol)，它能提供节点之间的分组投递服务，负责主机间数据的路由及网络数据的存储，同时为ICMP、TCP、UDP提供分组发送服务。

(2) ARP协议，即地址解析协议(Address Resolution Protocol)，它能实现IP地址向物理地址的映射；在网络接口层实现。

(3) RARP协议，即反向地址解析协议(Reverse Address Resolution Protocol)，它能实现物理地址向IP地址的映射；在网络接口层实现。

(4) ICMP协议，即网际报文控制协议(Internet Control Message Protocol)，它用于网关和主机间的传输差错控制信息，以及主机与路由器之间的控制信息，还能处理流量控制和拥塞控制等。

3) 传输层

传输层提供端到端的通信服务，包括TCP协议和UDP协议。

(1) TCP协议，即传输控制协议(Transmission Control Protocol)，它定义了格式化报文、建立和终止虚拟线路、流量控制和差错控制等规则，还能提供主机与主机之间的可靠数据流服务，并进行传输正确性检查。

(2) UDP协议，即用户数据报协议(User Datagram Protocol)，它能提供主机与主机之间的不可靠且无连接的数据报投递服务，保证数据的传输但不进行正确性检查。

4) 应用层

应用层包括TELNET、HTTP、FTP、SMTP、DNS、DHCP、NFS、SNMP、TFTP等协议。

(1) TELNET协议。它能提供远程登录服务，提供类似仿真终端的功能，支持用户通过终端共享其他主机的资源。

(2) HTTP协议，即超文本传输协议(Hyper Text Transfer Protocol)，它能提供万维网浏览服务。

(3) FTP协议，即文件传输协议(File Transfer Protocol)，它能提供应用级的文件传输服务。

(4) SMTP协议，即简单邮件传输协议(Simple Mail Transfer Protocol)，它能提供简单的电子邮件交换服务。

(5) DNS协议，即域名系统(Domain Name System)，它负责域名和IP地址的映射。

(6) DHCP协议，即动态主机设置协议(Dynamic Host Configuration Protocol)，它能为主机分配IP地址等。

(7) NFS协议，即网络文件系统(Network File System)，它允许一个系统在网络上共享目录和文件。

(8) SNMP协议，即简单网络管理协议(Simple Network Management Protocol)，它负责

对通信网络进行管理。

(9) TFTP协议，即简单文件传输协议(Trivial File Transfer Protocol)，它与FTP一样能提供文件传输服务。

1.2 华为VRP概述

1.2.1 项目任务

1. 应用场景

交换机和路由器作为网络互联的枢纽，构成了Internet通信网络的骨架。交换机可以隔离冲突域，路由器可以隔离广播域，这两种设备在网络中应用越来越广泛。随着越来越多的终端接入网络中，网络设备的负担也越来越重，迫切需要提升路由器和交换机的运行效率，可以通过华为专有的VRP系统来实现。

通用路由平台VRP(Versatile Routing Platform)是华为公司数据通信产品的通用操作系统平台，它以IP业务为核心，采用组件化的体系结构，在实现丰富功能特性的同时，还提供基于应用的可裁剪和可扩展的功能，使得路由器和交换机的运行效率大大提升，因此要求网络工程师能够熟练掌握VRP的配置和操作。

VRP配置和操作的第一个项目任务：使用Console线缆连接计算机和网络设备，为后续连接网络完成相关设置。

项目要求：本项目要求熟悉命令行界面操作，在真实的项目环境中，掌握操作本地管理设备的基本技能，对这些操作建立形象的认知，为后期学习网络技术理论知识并实施网络设备管理积累经验。

2. 项目实现目标

(1) 掌握连接华为网络设备的方法。
(2) 掌握一些基本的VRP命令。
(3) 掌握VRP系统命令的帮助功能。
(4) 掌握VRP系统快捷键的使用方法。

3. 实验环境拓扑

图1-6为本项目的应用场景环境拓扑，在实际环境中连接华为网络设备并管理网络使

用的接口和线缆见图1-6中标注。

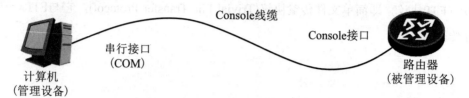

图1-6 连接华为设备控制端口拓扑图

4. 所需资源

(1) 1台华为路由器(本实验演示设备为AR1200)。

(2) 1台PC(采用Windows7、Windows10等操作系统的电脑)。

(3) 相关线缆(USB转RS-232转换线缆、Console线缆、Mini-USB线缆)。

(4) 超级终端软件Secure CRT。

5. 实验任务列表

实验任务如表1-1所示。

表1-1 连接计算机和网络设备实验任务

序号	任务	子任务	应用场景
1	连接路由器	通过串行控制端口连接华为路由器	初始配置设备时优先使用的连接方式
		通过Mini-USB端口连接华为路由器	Console线缆连接方式的有效补充
2	配置路由器	基本命令的配置	初步熟悉命令行界面的配置
		快捷键及帮助功能的使用	有效提高配置的速度和准确性
		查看设备信息	了解当前设备的运行状态

1.2.2 项目任务配置

1. 配置思路

VRP操作的第一个项目任务是连接路由器，可以采用两种方法来完成该项目：一种方法是通过串行控制端口，使用Console线缆连接华为路由器，几乎所有华为设备都支持通过串行控制本地登录设备的管理方式；另一种方法是通过Mini-USB端口连接华为路由器，该方法适用于一些型号较新、支持通过连接Mini-USB端口访问的设备。

在实际工作当中，本地管理华为设备仍然多采用以串行端口连接设备的方式，只在某些特殊情况下，才使用Mini-USB线缆。

在本项目中，我们会分别介绍如何使用以上两种方法来连接设备。

2. 配置任务(方法1)——通过串行控制端口连接华为设备

1) 确定计算机的串行端口号

要通过华为设备的Console接口对其进行本地管理，需要一根Console线缆来连接设备。Console线的一端是RJ45接口，另一端是RS-232接口。需注意的是：在连接时，Console线缆的RJ45接口端连接华为设备的Console接口，Console线的另一端RS-232接口连接电脑的RS-232接口。

连接好路由器后，通过查看电脑的设备管理器来确认端口号。

本实验所用计算机的串行接口端口号为COM3。需要注意的是，不同计算机的端口号并不相同，应根据具体情况仔细查看。

2) 配置SecureCRT参数

连接好路由器之后，需要通过计算机上的终端程序来对华为设备发起管理。我们选用SecureCRT作为终端模拟软件。

运行SecureCRT并进行相关设置，先选择快速连接，如图1-7所示。

图1-7　SecureCRT快速连接

然后设置如图1-8所示的几个参数。

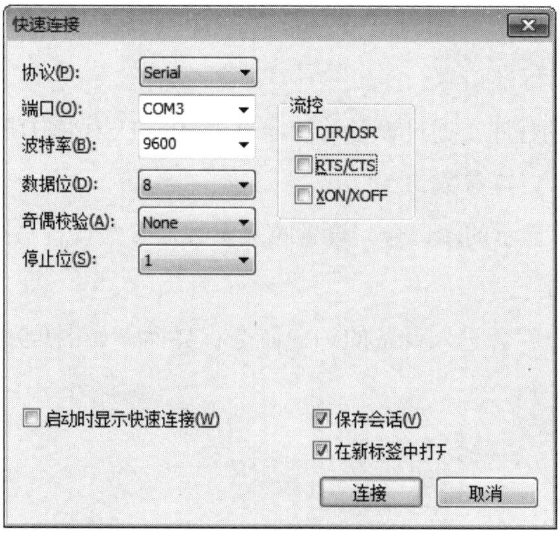

图1-8　SecureCRT的快速连接参数设置

完成上述设置之后,单击Connect(连接)键,SecureCRT就会向路由器发起快速连接。正常完成连接后,可以看到窗口出现连接串口的提示。

3) 进入VRP命令行界面,开始初始配置

开启路由器电源,进入VRP命令行界面,观察VRP系统的开机提示信息。VRP系统启动完毕,屏幕出现如下信息,其中斜体下划线部分为用户输入。

```
Press any key to get started
Please configure the login password (maximum length 16)
Enter password:Huawei@123
Confirm password:Huawei@123
<Huawei>
Warning: Auto-Config is working. Before configuring the device,
stop Auto-Config. If you perform
configurations when Auto-Config is running, the DHCP, routing,
DNS, and VTY configurations will be lost.
Do you want to stop Auto-Config? [y/n]:y
 Info: Auto-Config has been stopped.
<Huawei>
```

如果该设备是初始配置且首次登录时,设备会提示管理员输入密码,输出信息的粗体字部分需要手动输入。当看到"<Huawei>"提示符时,表示VRP系统准备完毕,可以开始配置华为路由器。

3. 配置任务(方法2)——通过Mini-USB端口连接华为设备

1) 确定计算机的串行端口号

安装Mini-USB驱动程序,通过设备管理器查看Mini-USB端口所使用的串行端口号。

2) 新建一个连接,设置参数

选择设备管理器里显示的端口号,设置相关参数,参数设置与图1-8相同。

3) 进入命令行界面

单击连接后,用户就会进入设备的VRP命令行界面,如图1-9所示。输入刚配置的密码,就可以登录VRP系统。

图1-9 命令行界面

4. 配置任务——VRP系统基本配置

1) 配置设备名称

(1) 登录设备后，先输入初次配置的密码，进入用户视图<Huawei>。

<Huawei>

(2) 要修改设备名称，需要首先使用命令system-view进入系统视图。

<Huawei>system-view   //显示已进入用户视图

```
Enter system view, return user view with Ctrl+Z.
```

[Huawei]   //显示已进入系统视图

(3) 使用命令sysname将设备的名称修改为AR1。提示符的变化，显示这台设备的名称已经被修改为AR1。

[Huawei]sysname AR1

[AR1]

2) 配置设备系统时间

采用本地配置的方式来修改系统时间。在设置系统时钟前，要先确认并设置时区，因为华为设备出厂时默认采用协调世界时(UTC)，所以要先来设置时区，把时区设为北京时间所在的时区。设置时区的命令动词是clock timezone。例如：

[AR1]clock timezone Beijing add 8

华为路由器设置系统时区的关键字为clock timezone，后面的Beijing是对这个时区配置的命名，而add 8是指北京时间所在的+8时区。使用undo clock timezone命令可将本地时区恢复为默认的UTC。

当设置好时区后，就可以使用命令clock datetime来设置系统时间，命令动词是clock datetime，命令格式为：clock datetime hh：mm：ss yyy-mm-dd。例如：

[AR1]clock datetime 17:00:00 2019-3-3

以上设置将系统的日期修改为2019年3月3日，将系统时间修改为17:00:00。

```
2019-03-03 17:00:03
Friday
Time Zone(Beijing) : UTC+08:00
```

设置好系统时间后，可以查看设置的时间，查看的命令动词是display clock。display是VRP系统中用来查看信息的命令关键字，几乎查看所有设备信息都需要用到这个关键字。例如：

<AR1>display clock

3) 修改Console接口登录密码

修改用户登录密码，使用命令user-interface进入用户界面视图进行配置。例如：

[AR1]user-interface console 0   //进入console口用户界面视图

[AR1-ui-console0]authentication-mode password //设置认证的方式为界面下密码认证

[AR1-ui-console0]set authentication password cipher Test@123 //修改认证的密码

[AR1-ui-console0]user privilege level 15 //同时设置通过此界面登录的权限级别为15

通过console接口登录并通过密码认证的用户，可划分为0～15个等级。各个用户等级对应的操作如表1-2所示。

表1-2 不同用户等级对应的命令

用户等级	名称	可执行的命令等级	命令类型
0	访问级	0	0级命令包括网络诊断工具相关的命令(如ping、tracert)、从本设备出发访问外部设备的命令(如telnet)和部分display命令等
1	监控级	0、1	1级命令包括用于系统维护的命令及display命令等
2	配置级	0、1、2	2级命令包括路由及网络各层的命令等，用于向用户提供直接网络服务
3～15	管理级	0、1、2、3	3级命令包括文件系统管理、电源控制、备份板控制、用户管理、命令级别设置、系统内部参数设置，以及用于业务故障诊断的debugging命令等

4) 配置标题消息

给设备配置标题消息，在系统视图下输入命令动词header shell information (标题消息内容)。设置完标题消息后，若退出系统并重新登录，就可以看到前面配置的提示信息。例如：

[AR1]header shell information "This is shenda lab."

5) 配置接口IP地址

给设备的接口配置IP地址，输入命令动词interface，即可进入要配置IP地址的那个接口的接口视图。例如：

[AR1]interface GigabitEthernet 0/0/0

使用命令动词ip address给这个接口配置IP地址和对应的掩码。例如：

[AR1-GigabitEthernet0/0/0]ip address 1.1.1.1 24

上述命令表示为G0/0/0接口配置了一个IP地址为1.1.1.1，掩码为24位，即255.255.255.0。

6) 保存当前配置

以上配置的所有命令，默认情况下仅保存在内存中，如果设备意外断电或重启，所有配置的命令都将丢失。所以，在对设备进行有效配置后，要对这些配置进行保存。保存配置命令为save，例如：

\<AR1>save

默认情况下，save的配置会被保存到flash的根目录中，文件名为vrpcfg.zip；也可以通过设置，让设备自动保存配置。通过命令autosave interval配置周期自动保存的方式。例如：

\<AR1>autosave interval on   // 让设备自动保存配置

7) 备份当前的配置

通过copy命令，把当前的配置另存一份在flash当中。例如，把当前的配置文件重新保存为backup.zip的文件：

\<AR1>copy vrpcfg.zip backup.zip

配置文件必须以".cfg"或".zip"作为扩展名。存储设备包括Flash、SD卡和U盘，如果选择默认路径，系统配置文件就会存储在Flash的根目录下。

8) 清空配置

删除设备的所有配置，命令动词是reset saved-configuration。例如：

\<AR1>reset saved-configuration

再次重启设备之后，我们可以看到设备名已经恢复到未作任何配置的状态，这表示我们之前对设备所做的配置已经被清除。

9) 命令帮助功能

如果记不清需要输入的命令该怎么拼写，可直接输入问号(?)。这时系统会向管理员提示这个视图下所有的可用命令，也会有对各个命令作用的简要解释，例如：

\<AR1>?

```
User view commands:
  arp-ping               ARP-ping
  autosave               <Group> autosave command group
  backup                 Backup  information
  cd                     Change current directory
  clear                  <Group> clear command group
  clock                  Specify the system clock
  ......                 ......
```

如果只记得命令开始的几个字母，也可以输入这些开头字母后再输入问号。此时，VRP系统就会仅显示以这些字母开头的相关命令。例如，只记得开头字母为S，则可以输入字母S？看到命令提示。

\<AR1>s?

```
save              <Group> save command group
schedule          Schedule system task
screen-length     Set the number of lines displayed on a screen
send              Send information to other user terminal
interfaces
set               <Group> set command group
sslvpn            Sslvpn
startup           Config parameter for system to startup
super             Modify super password parameters
system-view       SystemView from terminal
..........        ..........
```

通过系统的提示，我们可以找到所需要的命令system-view。

当命令输入不完整，但是已经输入足以消除歧义的字符时，可以使用TAB键直接补全这条命令。

\<AR1>sy?　　//在用户视图下，仅system-view命令以sy开头，因此输入sy已消除歧义。

```
system-view   SystemView from terminal
```

\<AR1>sys

\<AR1>system-view　　//按TAB键，系统就会补全这条命令

10) 快捷键的使用

对于之前曾经输入的命令，路由器会自动保存起来。我们可以使用display history-command命令，来查看这台设备上曾经输入的命令。例如：

[AR1]display history-command

```
  sy
  quit
  system-view
```

按方向键↑或Ctrl+P，可以直接调出以上命令，结合↓或Ctrl+N，可以迅速再次自动

输入曾经输入的命令。

除了这些快捷键及组合键之外，VRP系统还提供了其他一些快捷键，如表1-3所示。

表1-3 快捷键及组合键的含义

序号	快捷键/组合键	含义
1	←或Ctrl+B	将光标向左移动一个字符
2	→或Ctrl+F	将光标向右移动一个字符
3	Ctrl+A	将光标移动到当前行的开头
4	Ctrl+E	将光标移动到当前行的末尾
5	Ctrl+D	删除当前光标所在位置的字符
6	Backspace或Ctrl+H	删除光标左侧的一个字符
7	Ctrl+W	删除光标左侧的一个字符串
8	Esc+D	删除光标右侧的一个字符串
9	Ctrl+X	删除光标左侧所有的字符
10	Ctrl+Y	删除光标所在位置及其右侧所有的字符
11	Esc+B	将光标向左移动一个字符串
12	Esc+F	将光标向右移动一个字符串
13	Ctrl+C	终止继续执行命令

5. 配置任务——查看及验证设备信息

display是VRP系统中用来查看信息的命令关键字。除display clock命令之外，VRP系统还提供了海量的display命令供用户查看各类有关设备、系统、配置、数据等方面的信息。

1) 查看配置命令

当管理员需要查看一台设备上的所有重要配置命令时，可以输入display current-configuration命令。例如：

<AR1>display current-configuration

```
[V200R003C01SPC300]
#
 sysname AR1
 ............
```

命令display current-configuration输出的是完整信息，数量很大。如果想让系统只输出一部分配置命令，则在这条命令后面添加管道符(|)，并使用正则表达式对输出信息进行过滤即可。命令动词是display current-configuration | include或者display current-configuration | begin。其中，命令display current-configuration | include是让系统只显示所有配置命令中关键字include后面所要过滤的信息；display current-configuration | begin是让系统只显示从关键字begin后面开始的配置命令。例如：

[AR1]display current-configuration | include ip add

```
ip address 1.1.1.1 255.255.255.0
```

[AR1]display current-configuration | begin ip add

```
 ip address 1.1.1.1 255.255.255.0
#
interface GigabitEthernet0/0/1
#
interface Cellular0/0/0
 link-protocol ppp
#
........................
```

在上面的示例中,我们在管道符后输入了关键字include,系统只显示所有配置命令中包含ip add关键字的命令。因此,系统只显示IP地址的那一条命令。在管道符后输入关键字begin,系统显示所有配置命令中从包含ip add开始的所有命令。

2) 查看接口信息

在监控接口的状态或检查接口的故障原因时,可执行命令display interface来获取某个接口的状态信息和统计信息,用户可以根据这些信息进行流量统计和接口的故障诊断等。例如:

[AR1]display interface GigabitEthernet 0/0/0

```
GigabitEthernet0/0/0 current state : DOWN         //接口当前状态
Line protocol current state : DOWN                //接口的链路协议状态
Last line protocol up time : 2019-03-03 10:46:18
Description:HUAWEI, AR Series, GigabitEthernet0/0/0 Interface
Route Port,The Maximum Transmit Unit is 1500
Internet Address is 172.16.1.1/24   //接口的IP地址
IP Sending Frames' Format is PKTFMT_ETHNT_2, Hardware address
is e468-a39d-fb9c   //接口MAC地址
............
```

在查看各个接口状态的汇总信息时,管理员较常使用的命令往往是display ip interface brief,下面是这条命令提供的输出信息。例如:

[AR1]display ip interface brief

```
Interface              IP Address/Mask      Physical    Protocol
GigabitEthernet0/0/0   1.1.1.1/24           down        down
GigabitEthernet0/0/1   unassigned           down        down
NULL0                  unassigned           up          up(s)
```

命令显示两项相当重要的信息，即各个接口的IP地址和接口状态。

3) 查看路由器的基本信息

通过命令display version来查看设备当前使用的软件版本、硬件类型、主控板及接口板等相关软硬件信息。例如：

[AR1]display version

```
Huawei Versatile Routing Platform Software    //表示华为公司VRP平台
VRP (R) software, Version 5.120 (AR1200 V200R003C01SPC300)  //表
示AR产品的版本信息
Copyright (C) 2011-2013 HUAWEI TECH CO., LTD      //表示版本时间
Huawei AR1220V Router uptime is 0 week, 0 day, 1 hour, 20
minutes    //表示设备的启动时间
BKP 0 version information:                        //表示备板的版本信息
1. PCB      Version   : AR01BAK1A VER.A
```

1.3　eNSP使用基础

1.3.1　项目任务

1. 应用场景

作为一个从事网络建设的工程师，在工作中应该能够快速搭建网络环境，进行网络设备的配置，熟练掌握各种网络应用的实施和排错方法。为了满足学习和工作的需求，应有一个便于学习和训练的网络环境用于网络实验和训练。

华为数通模拟器eNSP是学习和工作过程中较重要的一个配套工具,每个学生都要掌握它的操作方法。使用数通模拟器可以随时练习网络设备的配置和网络应用的实施,能够快速熟悉华为网络设备的操作环境以及各种网络应用的实施和排错方法。

下面,我们将介绍eNSP的安装、拓扑等基本操作以及eNSP的操作环境及用途;展示如何在eNSP软件中搭建一个简单的拓扑,将eNSP模拟出的网络设备配置环境与真实环境进行关联。通过学习上述内容,可自行搭建新的拓扑,并执行一些简单的操作,为后续的学习打下基础。

2.项目实现目标

(1) 在电脑上安装eNSP。
(2) 使用eNSP搭建简单的拓扑。
(3) 通过eNSP练习真实环境中使用过的命令。

3.所需资源

(1) 1台较高配置的PC(采用Windows7、Windows10操作系统的电脑)。
(2) Internet宽带连接。

4.实验任务列表

实验任务如表1-4所示。

表1-4 eNSP实验任务

序号	任务	子任务	应用场景
1	下载eNSP	N/A	
2	安装eNSP	N/A	eNSP学习使用
3	用eNSP完成一个实验	N/A	

1.3.2 实验任务配置

1.配置任务——安装eNSP

运行安装文件eNSP V100R002C00B510 Setup,开始安装,安装过程如下所述。

(1) 接受eNSP协议条款,选择eNSP安装目录,选择开始菜单文件夹(保持默认即可),创建桌面快捷方式,然后选择配套软件安装,如图1-10所示。

(2) 依次安装配套软件WinPcap和Wireshark(注意:全选Wireshark协议组件),如图1-11所示。

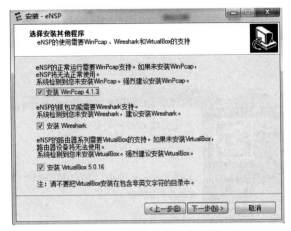

图1-10　选择配套软件安装

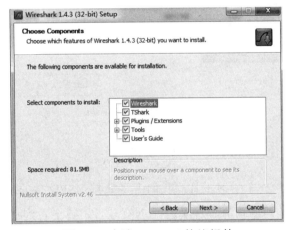

图1-11　全选Wireshark协议组件

(3) 分别选择Wireshark安装目录和安装文件。这里需要注意，刚才已经安装WinPcap文件，所以不再选择安装WinPcap，单击"安装"后则显示正在安装Wireshark，完成Wireshark安装后，跳转回eNSP的安装，如图1-12所示。

图1-12　自动跳转回eNSP的安装

(4)安装配套软件VirtualBox。先选择VirtualBox安装目录及组件，这里需要注意的是，安装目录只能包含英文字符。完成VirtualBox软件的安装后，最终eNSP的安装顺利完成，如图1-13所示。

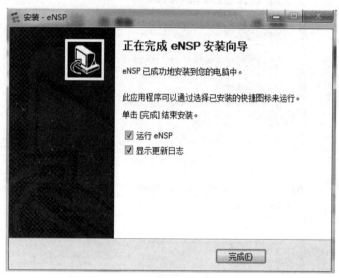

图1-13　eNSP安装完成

2. 配置任务——使用eNSP完成一个实验

eNSP是较为重要的一个学习工具，我们需要掌握eNSP软件的基本使用方法，有问题时可以使用软件自带的帮助功能。首次运行eNSP软件，将会看到eNSP中内置的网络拓扑图，如图1-14所示。在学习相对应的知识点的时候，可以使用相应的拓扑。

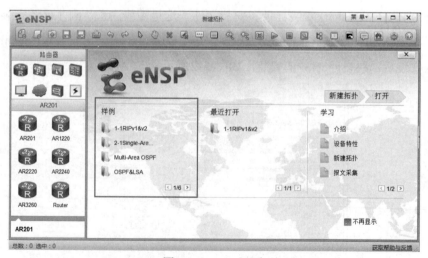

图1-14　eNSP界面

1) 搭建新的拓扑

(1) 选择"新建拓扑"，然后选择相应的路由器(先选择左边功能区的路由器，再选择

AR2220路由器），就可以在右边的对话框中使用此路由器。

（2）在右侧空白处单击两次，就会生成2台路由器，再单击右键，取消增加路由器，如图1-15所示。

（3）为2台路由器安装相应的模块。右键单击路由器，在弹出的对话框中选择"设置"，进入如图1-16所示的对话框。选择一个2FE接口模块，把模块放进最右边的插槽。

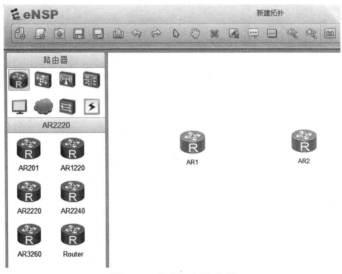

图1-15　使用2台路由器

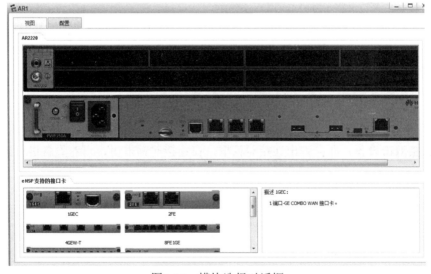

图1-16　模块选择对话框

（4）返回主界面，为2台路由器连线。选择左上的"设备连线"，再选择左下的"Copper"，用铜线来连接这2台路由器。然后单击路由器，就会看到当前可用的接口。图1-17中有5个接口，其中前3个是路由器自带的3个接口，后2个是上一步中插入的2FE模块所带的接口，选择一个接口把2台路由器连接起来，如图1-17所示。

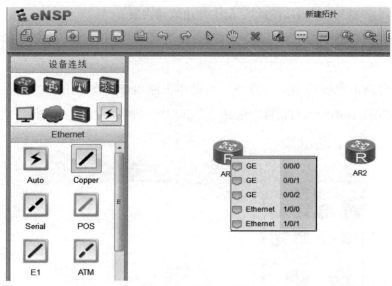

图1-17　为设备连线

(5) 拓扑搭建完成后，选择工具栏的开启设备，如图1-18所示。

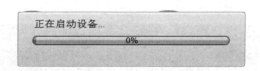

图1-18　开启设备

(6) 直接双击设备，即会弹出连接对话框，在连接对话框里，可对设备进行配置。

2) 配置基本命令

分别配2台模拟设备，用已经掌握的命令，让AR1与AR2能够互通。

(1) 配置AR1路由器，为接口配置一个IP地址。

\<Huawei\>system-view

[Huawei]sysname AR1

[AR1]interface Ethernet1/0/0

[AR1-Ethernet1/0/0]ip address 202.68.113.1 24

(2) 配置AR2路由器，为接口配置一个IP地址。

\<Huawei\>system-view

[Huawei]sysname AR2

[AR2]interface Ethernet1/0/0

[AR2-Ethernet1/0/0]ip address 202.68.113.2 24

(3) 最后用ping命令测试连通性。

[AR2-Ethernet1/0/0]ping 202.68.113.1

本章小结

本章从网络与通信体系的基本概念讲起，介绍了计算机网络体系的结构、开放系统互联参考模型以及TCP/IP体系结构。这些内容是计算机网络相关的理论基础和协议基本内容，作为本书的基础知识。本章还介绍了华为VRP系统的基本情况，项目配置的基本方法，以及使用华为eNSP模拟器进行虚拟仿真实验的基本方法。本书的后续章节所介绍的技术和实验都需要在此模拟器上进行，所以本章内容要求读者能够完全掌握。

第 2 章 虚拟局域网技术

在实际应用中，通过合理的设置来避免局域网内的广播风暴，是网络管理员的一个重要任务。VLAN(Virtual Local Area Network，虚拟局域网)技术提供了一种基于二层交换的逻辑区域管理模式，可以有效地解决这个问题。本章将以项目实例的方式向读者介绍虚拟局域网技术在工程中的应用和配置方法。

2.1 项目任务

1. 应用场景

某高校实验楼内有个特定区域，包括两个机房(Lab1和Lab2)和一个实验服务器中心(Center)。机房Lab1的接入交换机为LSW2，机房Lab2的接入交换机为LSW3，数据中心的接入交换机为LSW4，这3台接入交换机汇聚到LSW1。

在实际使用时，机房内的终端可以互联，但是Lab1的终端不能和Lab2的终端互联，Lab1和Lab2的终端均可与数据中心的服务器互联。

2. 项目实现目标

本实验项目将通过VLAN划分的方式实现上述应用需求，将Lab1、Lab2、Center区域内的终端划分在不同的VLAN。

3. 实验环境拓扑图

本实验在一个全交换网络中进行，网络拓扑图和各终端IP地址如图2-1所示。

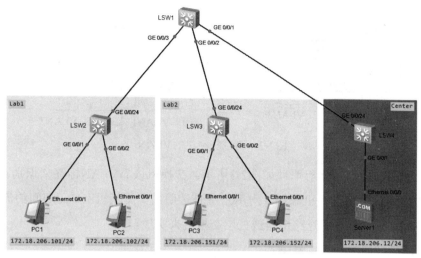

图2-1 网络拓扑图和各终端IP地址

2.2 VLAN技术基础

2.2.1 VLAN关键技术

1. VLAN简介

VLAN的中文名为"虚拟局域网",是为解决以太网的广播问题和安全性问题而提出的一种协议,它在以太网帧的基础上增加了VLAN头,用VLAN ID把用户划分为更小的工作组,限制不同工作组间的用户互访,每个工作组就是一个虚拟局域网。

管理员可以根据实际应用需求,把同一物理局域网内的不同用户按逻辑划分成不同的广播域,每一个VLAN都包含一组有着相同需求的计算机工作站,与物理上形成的LAN有着相同的属性。由于它是从逻辑上划分,而不是从物理上划分,所以同一个VLAN内的各个工作站没有限制在同一个物理范围中,即这些工作站可以在不同的物理LAN网段。

VLAN可以跨越多个交换机,如图2-2所示。在多个交换机上的VLAN内通信需在交换机间建立主干(Trunk)。Trunk是一条支持多个VLAN的点到点的链路。Trunk为多个VLAN运载信息量,并完成网络中交换机之间的通信。只有定义为主干的交换机间的链路才能携带多个VLAN的数据帧。主干不属于任何VLAN。

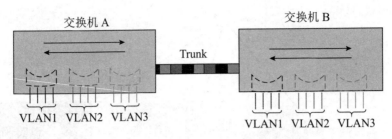

图2-2 跨越交换机的VLAN

跨越交换机的VLAN运行原理如图2-3所示。交换机依靠VLAN标签来识别不同VLAN的流量,VLAN标签由交换机添加,对用户端是透明的。交换机上VLAN间的流量彼此隔离,VLAN间的通信需要通过路由器或三层交换机来实现。

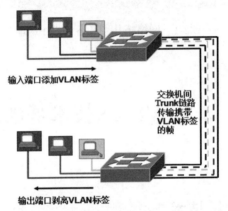

图2-3 跨越交换机的VLAN运行原理

同一VLAN跨越多个交换机进行通信时,在将数据帧发送到交换机间的链路上之前,在帧头中封装VLAN标签Tag来标记属于哪个VLAN。VLAN帧格式如图2-4所示。

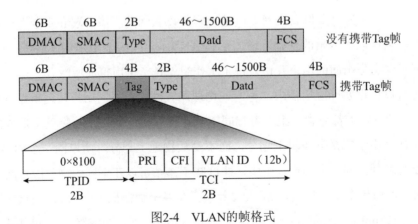

图2-4 VLAN的帧格式

2. VLAN标签

VLAN标签长4B(字节),直接添加在以太网帧头中,IEEE802.1Q标准对VLAN标签作出了说明。

TPID：Tag Protocol Identifier，2字节，固定取值，0x8100，是IEEE定义的新类型，表明这是一个携带802.1Q标签的帧。如果不支持802.1Q的设备收到这样的帧，会将其丢弃。

TCI：Tag Control Information，2字节。

3. 帧控制信息

(1) Priority：3比特，表示帧的优先级，取值范围为0～7，值越大，优先级越高。当交换机阻塞时，优先发送优先级高的数据帧。

(2) CFI：Canonical Format Indicator，1比特。CFI表示MAC地址是否是经典格式。CFI为0说明是经典格式，CFI为1表示为非经典格式。它用于区分以太网帧、FDDI(Fiber Distributed Digital Interface)帧和令牌环网帧。在以太网中，CFI的值为0。

(3) VLAN Identifier：VLAN ID，12比特。在X7系列交换机中，可配置的VLAN ID取值范围为0～4095，但是0和4095在协议中规定为保留的VLAN ID，不能给用户使用。

在现有的交换网络环境中，以太网的帧有两种格式：没有加上VLAN标记的标准以太网帧(untagged frame)；有VLAN标记的以太网帧(Tagged Frame)。

4. VLAN链路

VLAN链路分为两种类型：Access链路和Trunk链路，如图2-5所示。

(1) 接入链路(Access Link)。连接用户主机和交换机的链路称为接入链路。图2-5中，主机和交换机之间的链路都是接入链路。

(2) 主干链路(Trunk Link)。连接交换机和交换机的链路称为主干链路。图2-5中，交换机之间的链路都是主干链路。主干链路上通过的帧一般为带Tag的VLAN帧。

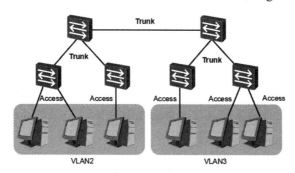

图2-5　VLAN 链路类型

PVID即Port VLAN ID，代表端口的缺省VLAN。交换机从对端设备收到的帧有可能是Untagged的数据帧，但所有以太网帧在交换机中都是以Tagged的形式来被处理和转发的，因此交换机必须给端口收到的Untagged数据帧添加Tag。为了实现此目的，必须为交换机配置端口的默认VLAN。当该端口收到Untagged数据帧时，交换机将给它加上该缺省

VLAN的VLAN Tag。在默认情况下，交换机每个端口的PVID都是1，如图2-6所示。

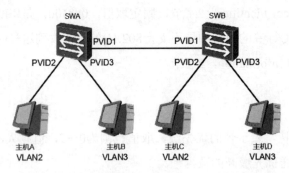

图2-6　PVID表示端口在默认情况下所属的VLAN

2.2.2　VLAN端口类型

VLAN交换机的端口类型分为Access端口、Trunk端口和Hybrid端口。

1. Access端口

Access端口是交换机上用来连接用户主机的端口，它只能连接接入链路，并且只能允许唯一的VLAN ID通过本端口。

Access端口收发数据帧的规则如下所述。

(1) 如果该端口收到对端设备发送的帧是Untagged(不带VLAN标签)，交换机将强制加上该端口的PVID；如果该端口收到对端设备发送的帧是Tagged(带VLAN标签)，交换机会检查该标签内的VLAN ID。当VLAN ID与该端口的PVID相同时，接收该报文；当VLAN ID与该端口的PVID不同时，丢弃该报文。

(2) Access端口发送数据帧时，总是先剥离帧的Tag，然后再发送。Access端口发往对端设备的以太网帧永远是不带标签的帧。

2. Trunk端口

Trunk端口是交换机上用来和其他交换机连接的端口，它只能连接干道链路。Trunk端口允许多个VLAN的帧(带Tag标记)通过。

Trunk端口收发数据帧的规则如下所述。

(1) 当接收到对端设备发送的不带Tag的数据帧时，会添加该端口的PVID。如果PVID在允许通过的VLAN ID列表中，则接收该报文，否则丢弃该报文。当接收到对端设备发送的带Tag的数据帧时，检查VLAN ID是否在允许通过的VLAN ID列表中。如果VLAN ID在接口允许通过的VLAN ID列表中，则接收该报文，否则丢弃该报文。

(2) 端口发送数据帧时，当VLAN ID与端口的PVID相同，且是该端口允许通过的VLAN ID时，去掉Tag，发送该报文；当VLAN ID与端口的PVID不同，且是该端口允许通过的VLAN ID时，保持原有Tag，发送该报文。

3. Hybrid端口

Hybrid端口是交换机上既可以连接用户主机，又可以连接其他交换机的端口。Hybrid端口既可以连接接入链路，又可以连接干道链路。Hybrid端口允许多个VLAN的帧通过，并可以在出端口方向将某些VLAN帧的Tag剥掉。华为设备默认的端口类型是Hybrid。

Hybrid端口收发数据帧的规则如下所述。

(1) 当接收到对端设备发送的不带Tag的数据帧时，会添加该端口的PVID。如果PVID在允许通过的VLAN ID列表中，则接收该报文，否则丢弃该报文。当接收到对端设备发送的带Tag的数据帧时，检查VLAN ID是否在允许通过的VLAN ID列表中。如果VLAN ID在接口允许通过的VLAN ID列表中，则接收该报文，否则丢弃该报文。

(2) Hybrid端口发送数据帧时，将检查该接口是否允许该VLAN数据帧通过。如果允许通过，则可以通过命令配置发送时是否携带Tag。

2.3 项目实现

根据应用场景需求，将两个机房和实验中心划分为三个VLAN：Lab1为VLAN10，Lab2为VLAN20，Center为VLAN30。Lab1和Lab2不能互通，但都和Center互通。交换机的基础配置和接口的IP配置完成后，进行VLAN配置，如图2-7所示。

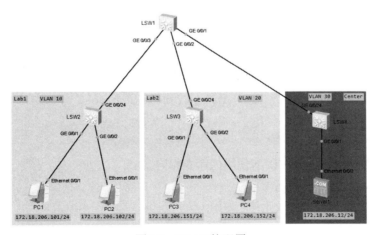

图2-7　VLAN的配置

如果把Lab1、Lab2连接PC的交换机端口设置为Access类型，则可以实现各个VLAN内终端间的互相访问，但是VLAN间的终端是无法互相访问的。

所以，在本项目配置时，连接终端的各个交换机需要配置端口类型为Hybrid，这样可以实现端口为来自不同VLAN报文打上标签或去除标签的功能。

在本任务中，需要通过配置Hybrid端口来允许VLAN10和VLAN20、VLAN30之间互相通信。将LSW2上的G0/0/1和G0/0/2端口、LSW3上的G0/0/1和G0/0/2端口、LSW4的G0/0/1端口类型配置为Hybrid。同时，配置这些端口发送数据帧时能够去掉VLAN的标签。

通过配置Hybrid端口，使VLAN20内的主机能够接收来自VLAN30的报文，VLAN20内的主机能够接收来自VLAN30的报文，反之亦然。VLAN10中的主机仍无法与VLAN20主机通信。

1. 创建VLAN

在交换机LSW1、LSW2、LSW3、LSW4上分别建立3个VLAN：VLAN10，VLAN20，VLAN30。VLAN可以逐个建立，也可以批量建立。本项目中，在LSW1上逐个建立VLAN，在其他交换机上批量建立VLAN。

(1) 在LSW1逐个建立VLAN。

[LSW1]vlan 10

[LSW1-vlan10]quit

[LSW1]vlan 20

[LSW1-vlan20]quit

[LSW1]vlan 30

[LSW1-vlan30]quit

[LSW1]

(2) 在LSW2批量建立VLAN。

[LSW2]vlan batch 10 20 30

```
Info: This operation may take a few seconds. Please wait for a
moment...done.
```

LSW3与LSW4批量建立VLAN使用的命令相同。

[LSW3]vlan batch 10 20 30

[LSW4]vlan batch 10 20 30

2. 将Lab1区域内的终端加入VLAN10

在LSW2上，将端口G0/0/1和G0/0/2加入VLAN10，端口类型为Hybrid，允许无标签的VLAN10和VLAN30的数据通过。

[LSW2]interface GigabitEthernet 0/0/1

[LSW2-GigabitEthernet0/0/1]port link-type hybrid

[LSW2-GigabitEthernet0/0/1]port hybrid untagged vlan 10 30

[LSW2-GigabitEthernet0/0/1]port hybrid pvid vlan 10

[LSW2]interface GigabitEthernet 0/0/2

[LSW2-GigabitEthernet0/0/2]port link-type hybrid

[LSW2-GigabitEthernet0/0/2]port hybrid untagged vlan 10 30

[LSW2-GigabitEthernet0/0/2]port hybrid pvid vlan 10

[LSW2-GigabitEthernet0/0/2]quit

3. 将Lab2区域内的终端加入VLAN20

在LSW3上，将端口G0/0/1和G0/0/2加入VLAN20，端口类型为Hybrid，允许无标签的VLAN20和VLAN30的数据通过。

[LSW3]interface GigabitEthernet 0/0/1

[LSW3-GigabitEthernet0/0/1]port link-type hybrid

[LSW3-GigabitEthernet0/0/1]port hybrid untagged vlan 20 30

[LSW3-GigabitEthernet0/0/1]port hybrid pvid vlan 20

[LSW3]interface GigabitEthernet 0/0/2

[LSW3-GigabitEthernet0/0/2]port link-type hybrid

[LSW3-GigabitEthernet0/0/2]port hybrid untagged vlan 20 30

[LSW3-GigabitEthernet0/0/2]port hybrid pvid vlan 20

[LSW3-GigabitEthernet0/0/2]quit

4. 将Center区域内的终端加入VLAN30

在LSW4上，将端口G0/0/1加入VLAN30，端口类型为Hybrid，允许无标签的VLAN10、VLAN20和VLAN30的数据通过。

[LSW4]interface GigabitEthernet 0/0/1

[LSW4-GigabitEthernet0/0/1]port link-type hybrid

[LSW4-GigabitEthernet0/0/1]port hybrid untagged vlan 10 20 30

[LSW4-GigabitEthernet0/0/1]port hybrid pvid vlan 30

5. 配置各个交换机的Trunk端口

在交换机之间传递VLAN数据时，应该使用Trunk类型的端口，并且指明允许通过的VLAN ID。所以，本示例中，各个交换机的Trunk端口的配置应该是相同的，都允许VLAN10、VLAN20、VLAN30的数据通过。

以下为各个交换机的配置脚本。

(1) 在LSW1上配置：

[LSW1]interface GigabitEthernet0/0/1

[LSW1-GigabitEthernet0/0/1]port link-type trunk

[LSW1-GigabitEthernet0/0/1]port trunk allow-pass vlan 10 20 30

[LSW1-GigabitEthernet0/0/1]quit

[LSW1]interface GigabitEthernet0/0/2

[LSW1-GigabitEthernet0/0/2]port link-type trunk

[LSW1-GigabitEthernet0/0/2]port trunk allow-pass vlan 10 20 30

[LSW1-GigabitEthernet0/0/2]quit

[LSW1]interface GigabitEthernet0/0/3

[LSW1-GigabitEthernet0/0/3]port link-type trunk

[LSW1-GigabitEthernet0/0/3]port trunk allow-pass vlan 10 20 30

[LSW1-GigabitEthernet0/0/3]quit

(2) 在LSW2上配置：

[LSW2]interface GigabitEthernet0/0/24

[LSW2-GigabitEthernet0/0/24]port link-type trunk

[LSW2-GigabitEthernet0/0/24]port trunk allow-pass vlan 10 20 30

[LSW2-GigabitEthernet0/0/24]quit

(3) 在LSW3上配置：

[LSW3]interface GigabitEthernet0/0/24

[LSW3-GigabitEthernet0/0/24]port link-type trunk

[LSW3-GigabitEthernet0/0/24]port trunk allow-pass vlan 10 20 30

[LSW2-GigabitEthernet0/0/24]quit

(4) 在LSW4上配置：

[LSW4]interface GigabitEthernet0/0/24

[LSW4-GigabitEthernet0/0/24]port link-type trunk

[LSW4-GigabitEthernet0/0/24]port trunk allow-pass vlan 10 20 30

[LSW2-GigabitEthernet0/0/24]quit

6. 配置结果

可以通过PC间的ping命令结果来检查各个VLAN间的通信是否按照设计要求实现。

如图2-8所示，VLAN10内部终端通信正常。

如图2-9所示，VLAN10与VLAN20无法通信。

如图2-10所示，VLAN10与VLAN30通信正常。

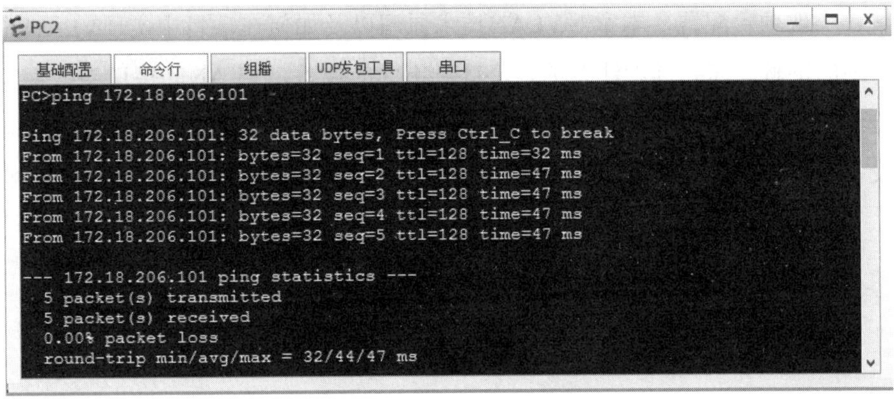

图2-8　PC2与PC1的通信

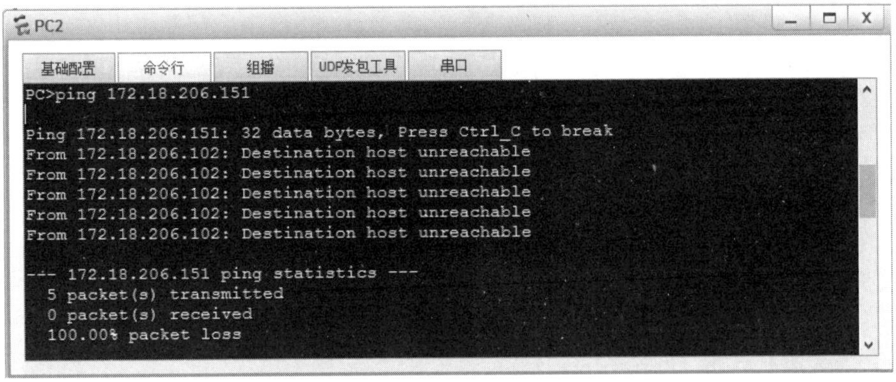

图2-9　PC2与PC3的通信

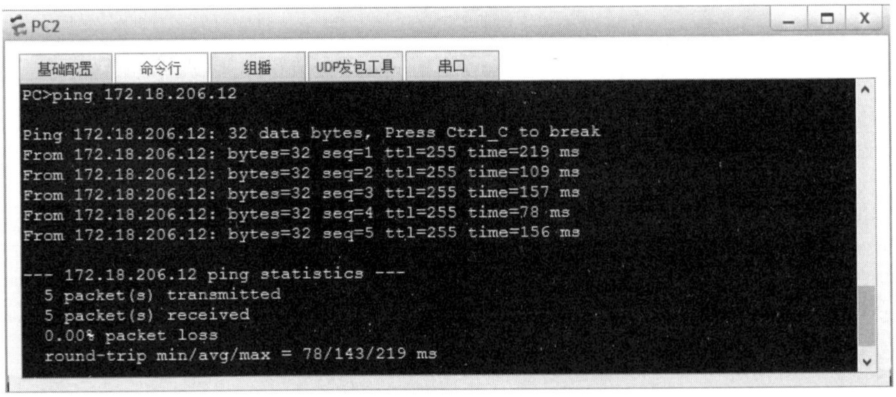

图2-10　PC2与Server的通信

本章小结

本章设计的VLAN的基本实验环境，是一种比较常见的应用方式。为了能够让读者更好地理解、实现项目配置，本章对VLAN技术原理以及如何在项目中实现VLAN的配置做了比较详细的讲解。需要读者注意的是，针对不同的设备，VLAN的接口类型有多种不同的使用方法，华为交换机的VLAN接口默认是Hybrid类型，这种工作模式的接口既可以连接终端设备，也可以连接交换设备，是一种比较灵活的接口类型。

第3章 生成树协议

在实际应用中，为了有一定的安全冗余，在交换机之间通常会多接几条冗余链路，但是这样的冗余链路可能会导致交换机数据转发环路。另外，不通知管理员，私接交换机也可能会对交换网络产生影响。在交换机上使用生成树协议来对交换机的端口进行管理，将交换机梳理成一个树状网络，是一个很重要的应用手段。本实验项目将以实例的方式向读者介绍生成树协议在交换网络中的应用。

3.1 项目任务

1. 应用场景

某高校实验楼内，有5个实验室需要接入校园网。因为各个实验室所接的终端数量与类型不尽相同，所以为每个实验室都配置了一台接入交换机。这些接入交换机通过楼层的汇聚交换机接入校园网。为了确保各个实验室的网络访问可靠性，这几个实验室采用全交换网络，并使用多条链路冗余。

2. 项目实现目标

多链路冗余可以提高交换网络的可靠性，但随之带来的问题是可能会产生交换环路。本实验的目的，就是通过生成树协议防止交换环路的出现。同时，在出现链路故障时，交换网络可以及时切换到备份链路，从而保证网络通信的正常进行。

3. 实验环境拓扑图

本实验在一个全交换网络中进行，网络拓扑图和各终端IP地址如图3-1所示。

LSW1、LSW2、LSW3、LSW4、LSW5分别是5个实验室的接入交换机，LSW6是楼层的汇聚交换机。为了方便实验，在LSW6上接了一台终端，模拟作为校园网的访问点。拓扑中并未给每个实验室都设置终端，仅在LSW2和LSW5分别接入一台终端，能演示生成树协议工作过程即可。

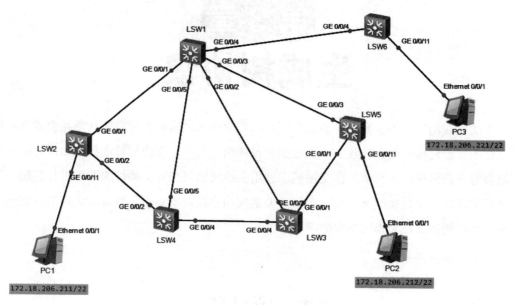

图3-1 网络拓扑图

3.2 生成树协议技术基础

3.2.1 生成树协议概述

1. 生成树协议的概念

生成树协议(Spanning Tree Protocol, STP)是由DEC公司开发,经IEEE组织修改并制定的IEEE 802.1d标准,其主要功能是解决备份连接所产生的环路问题。STP通过阻塞一个或多个冗余端口来维护一个无回路的网络,相关内容在IEEE 802.1D协议中有详细的描述。

生成树协议通过在交换机之间传递BPDU(Bridge Protocol Data Unit, 桥接协议数据单元)来互相告知交换机的链路性质、根桥信息等,以便确定根桥,决定哪些端口处于转发状态,哪些端口处于阻止状态,以免引起网络环路。BPDU包含的字段如图3-2所示。

根据STP工作原理,在环状结构中,只存在唯一的树根(Root),这个根可以是一台网桥或一台交换机,由它作为核心基础来构成网络的主干。备份交换机作为分支结构,处于阻塞状态。

配置STP的交换机端口有5种工作状态。

(1) 阻塞状态的端口：能够接收BPDU，但不发送BPDU。

(2) 侦听状态的端口：查看BPDU，并发送和接收BPDU以确定最佳拓扑。

(3) 学习状态的端口：获悉MAC地址，防止不必要的泛洪，但不转发帧。

(4) 转发状态的端口：能够发送和接收数据。

(5) 关闭状态的端口：端口禁用或链路失效。

Bytes	Field
2	ProtocolID
1	Version
1	Message Type
1	Flags
8	Root ID
4	Cost of Path
8	Bridge ID
2	Port ID
2	Message Age
2	Maximum Time
2	Hello Time
2	Forward Deay

图3-2 BPDU包含的字段

2. 生成树协议的工作过程

生成树协议的工作过程如图3-3所示，具体分为以下3个阶段。

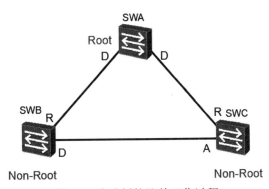

图3-3 生成树协议的工作过程

阶段一：选取唯一的根网桥(Root Bridge)

BPDU中包含Bridge ID，Bridge ID (8B) = 优先级(2B) + 交换机MAC地址(6B)。优先级值最小，或优先级值相同、MAC地址最小的称为根网桥。根网桥默认每2秒发送一次BPDU。

阶段二：在每个非根网桥选取唯一的根端口(Root Port)

MAC地址最小的端口，或端口代价相同、Port ID最小端口的称为根端口(Port ID通常为端口的MAC地址)。

阶段三：在每网段选取唯一的指定端口(Designated Port)

端口代价最小的称为指定端口。根网桥端口到各网段的代价最小，通常只有根网桥端口称为指定端口，被选定为根端口和指定端口的处于转发状态，落选端口进入阻塞状态，只侦听不发送BPDU。

3.2.2 快速生成树协议

STP协议虽然能够解决环路问题，但是收敛速度慢，影响了用户通信质量。如果STP网络的拓扑结构频繁变化，网络也会频繁失去连通性，从而导致用户通信频繁中断。IEEE于2001年发布的802.1w标准定义了快速生成树协议(Rapid Spanning-Tree Protocol，RSTP)，RSTP在STP的基础上进行了改进，实现了网络拓扑的快速收敛。

运行RSTP的交换机使用了两个不同的端口角色来实现冗余备份，Backup端口作为指定端口的备份，提供了另外一条从根桥到非根桥的备份链路；Alternate端口作为根端口的备份端口，提供了从指定桥到根桥的另一条备份路径。

当交换机到根桥的当前路径出现故障时，作为根端口的备份端口，Alternate端口提供了从一个交换机到根桥的另一条可切换路径。Backup端口作为指定端口的备份，提供了另一条从根桥到相应LAN网段的备份路径。当一个交换机和一个共享媒介设备，例如Hub建立两个或者多个连接时，可以使用Backup端口；同样，当交换机上两个或者多个端口和同一个LAN网段连接时，也可以使用Backup端口，如图3-4所示。

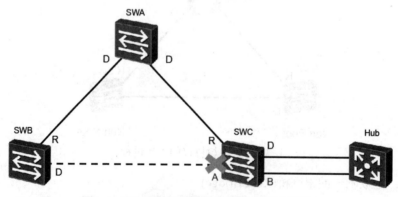

图3-4　RSTP的交换机使用了两个不同的端口

RSTP把原来STP的5种端口状态简化成3种：Discarding状态，端口既不转发用户流量，也不学习MAC地址；Learning状态，端口不转发用户流量，但是学习MAC地址；Forwarding状态，端口既转发用户流量又学习MAC地址。

除了部分参数不同，RSTP使用了类似STP的BPDU报文，即RSTBPDU报文。BPDU Type用来区分STP的BPDU报文和RST的PDU报文。

3.3 项目实现

本项目中有5个实验室需要接入校园网,为了确保各个实验室的网络访问可靠性,5台交换机使用了多条链路冗余,采用配置STP以防止交换机环路的出现。同时,在出现链路故障时,交换网络可以及时切换到备份链路,从而保证网络通信的正常进行。

1. 交换网络中配置STP的思路

(1) 配置环网中的设备生成树协议工作在STP模式下。
(2) 配置根桥和备份根桥设备。
(3) 配置端口的路径开销值,实现将该端口阻塞。
(4) 使能STP,实现破除环路。

选举根桥是LSW1,备份根桥是LSW2,阻塞口的路径开销值是20000。STP配置状态如图3-5所示。

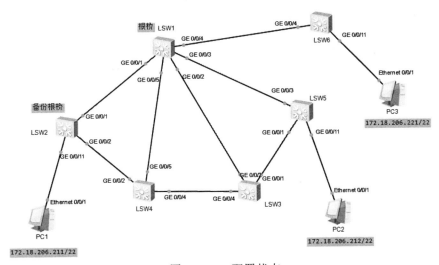

图3-5 STP配置状态

2. 配置STP工作模式

STP的工作模式可以是STP、RSTP、MSTP,本项目采用STP模式。
配置命令:
[LSW1]stp mode stp

其他交换机采用相同的命令做相同配置,不再赘述。

3. 配置根桥和备份根桥设备

(1) 配置LSW1为根桥。

[LSW1]stp root primary

(2) 配置LSW2为备份根桥。

[LSW2]stp root secondary

4. 配置端口的路径开销值,实现将该端口阻塞

(1) 配置LSW3端口G0/0/1和G0/0/4端口的路径开销值为20000。

[LSW3]interfaceGigabitEthernet 0/0/1

[LSW3-GigabitEthernet0/0/1]stp cost 20000

[LSW3]interfaceGigabitEthernet 0/0/4

[LSW3-GigabitEthernet0/0/4]stp cost 20000

(2) 配置LSW4端口G0/0/2和G0/0/4端口的路径开销值为20000。

[LSW4]interfaceGigabitEthernet 0/0/2

[LSW4-GigabitEthernet0/0/2]stp cost 20000

[LSW4]interfaceGigabitEthernet 0/0/4

[LSW4-GigabitEthernet0/0/4]stp cost 20000

(3) 配置LSW5端口G0/0/1端口的路径开销值为20000。

[LSW5]interface GigabitEthernet 0/0/1

[LSW5-GigabitEthernet0/0/1]stp cost 20000

5. 使能STP,实现破除环路

将与PC机相连的端口去使能STP。

(1) 配置LSW2端口GE0/0/11的STP去使能。

[LSW2]interface GigabitEthernet 0/0/11

[LSW2-GigabitEthernet0/0/11]stp disable

[LSW2-GigabitEthernet0/0/11]quit

(2) 配置LSW5端口GE0/0/11的STP去使能。

[LSW5]interface GigabitEthernet 0/0/11

[LSW5-GigabitEthernet0/0/11]stp disable

[LSW5-GigabitEthernet0/0/11]quit

6. 配置设备全局使能STP

(1) 设备LSW1全局使能STP。

[LSW1]stp enable

(2) 设备LSW2全局使能STP。

[LSW2]stp enable

(3) 设备LSW3全局使能STP。

[LSW3]stp enable

(4) 设备LSW4全局使能STP。

[LSW4]stp enable

(5) 设备LSW5全局使能STP。

[LSW5]stp enable

7. 除与终端设备相连的端口外，其他端口使能BPDU功能

(1) 设备LSW1的所有端口使能BPDU。

[LSW1]interface G0/0/1

[LSW1-GigabitEthernet0/0/1]bpdu enable

[LSW1-GigabitEthernet0/0/1]quit

[LSW1]interface G0/0/2

[LSW1-GigabitEthernet0/0/2]bpdu enable

[LSW1-GigabitEthernet0/0/2]quit

[LSW1]interface G0/0/3

[LSW1-GigabitEthernet0/0/3]bpdu enable

[LSW1-GigabitEthernet0/0/3]quit

[LSW1]interface G0/0/4

[LSW1-GigabitEthernet0/0/4]bpdu enable

[LSW1-GigabitEthernet0/0/4]quit

[LSW1]interface G0/0/5

[LSW1-GigabitEthernet0/0/5]bpdu enable

[LSW1-GigabitEthernet0/0/5]quit

(2) 设备LSW2的G0/0/1和G0/0/2端口使能BPDU。

[LSW2]interface G0/0/1

[LSW2-GigabitEthernet0/0/1]bpdu enable

[LSW2-GigabitEthernet0/0/1]quit

[LSW2]interface G0/0/2

[LSW2-GigabitEthernet0/0/2]bpdu enable

[LSW2-GigabitEthernet0/0/2]quit

(3) 设备LSW3的G0/0/1、G0/0/2和G0/0/4端口使能BPDU。

[LSW3]interface G0/0/1

[LSW3-GigabitEthernet0/0/1]bpdu enable

[LSW3-GigabitEthernet0/0/1]quit

[LSW3]interface G0/0/2

[LSW3-GigabitEthernet0/0/2]bpdu enable

[LSW3-GigabitEthernet0/0/2]quit

[LSW3]interface G0/0/4

[LSW3-GigabitEthernet0/0/4]bpdu enable

[LSW3-GigabitEthernet0/0/4]quit

(4) 设备LSW4的G0/0/2、G0/0/4和G0/0/5端口使能BPDU。

[LSW4]interface G0/0/2

[LSW4-GigabitEthernet0/0/2]bpdu enable

[LSW4-GigabitEthernet0/0/2]quit

[LSW4]interface G0/0/4

[LSW4-GigabitEthernet0/0/4]bpdu enable

[LSW4-GigabitEthernet0/0/4]quit

[LSW4]interface G0/0/5

[LSW4-GigabitEthernet0/0/5]bpdu enable

[LSW4-GigabitEthernet0/0/5]quit

(5) 设备LSW5的G0/0/1和G0/0/3端口使能BPDU。

[LSW5]interface G0/0/1

[LSW5-GigabitEthernet0/0/1]bpdu enable

[LSW5-GigabitEthernet0/0/1]quit

[LSW5]interface G0/0/3

[LSW5-GigabitEthernet0/0/3]bpdu enable

[LSW5-GigabitEthernet0/0/3]quit

8. 验证配置结果

经过以上配置，在网络计算稳定后，执行以下操作，验证配置结果。

(1) 在LSW1上执行display stp brief命令，查看端口状态和端口的保护类型。

[LSW1]display stp brief

```
MSTID   Port                    Role    STP State       Protection
    0   GigabitEthernet0/0/1            DESI  FORWARDING        ROOT
    0   GigabitEthernet0/0/2            DESI  FORWARDING        ROOT
    0   GigabitEthernet0/0/3    DESI    FORWARDING              ROOT
    0   GigabitEthernet0/0/4    DESI    FORWARDING              ROOT
    0   GigabitEthernet0/0/5    DESI    FORWARDING              ROOT
```

将LSW1配置为根桥后，与LSW3相连的端口G0/0/2在生成树计算中被选举为指定端口，并在指定端口上配置根保护功能。

(2) 在LSW3上执行display stp interface G0/0/2 brief命令，查看端口G0/0/2状态，结果为端口G0/0/2在生成树选举中成为指定端口，处于FORWARDING状态。

[LSW3]display stp interface G0/0/2 brief

```
MSTID   Port                    Role    STP State       Protection
    0   GigabitEthernet0/0/2            DESI  FORWARDING        NONE
```

(3) 在LSW4上执行display stp brief命令，查看端口状态。

[LSW4]display stp brief

```
MSTID   Port                    Role    STP State       Protection
    0   GigabitEthernet0/0/2            ALTE  DISCARDING        NONE
    0   GigabitEthernet0/0/4            ALTE  DISCARDING        NONE
    0   GigabitEthernet0/0/5            ROOT  FORWARDING        NONE
```

端口G0/0/5在生成树选举中成为根端口，处于FORWARDING状态。

端口EthG0/0/2和G0/0/4在生成树选举中成为Alternate端口，处于DISCARDING状态。

9. 让STP协议自动选举根桥

在实际应用中，还有一种STP配置方式，即让交换机自动选举根桥，交换机内自动选举根端口和阻塞端口。

在这种配置模式下，各个运行STP协议的交换机会根据自己的桥ID和端口ID自动选举根桥、根端口等一系列操作。在选举结束后，将阻塞端口阻塞，从而达到防止环路的目的。

10. 链路故障时的处理

因为STP协议会在交换网络中定时发送BPDU来查询周围交换机的状态，所以，当运行STP协议的交换网络中，某条冗余链路出现故障时，会自动触发STP的桥、端口选举机制，重新选举，重新建立新的生成树链路。这也就体现了冗余链路存在的意义，从而提高网络可靠性。

本章小结

在交换网络中，有多个交换机进行网状连接时，可能会导致交换环路的出现，生成树协议的目的就是避免交换环路的出现，从而提升网络的安全性和可靠性。本章介绍了生成树协议的技术基础，通过一个实际案例，讲解了生成树协议的工作模式和配置方法。在实际应用过程中，生成树协议是一个经常要使用到的协议，在交换网络中具有非常重要的意义。

第 4 章 链路聚合技术

随着数据通信网络业务的逐渐增加，汇聚交换机之间的数据流量也会不断增加。当业务累积到一定程度时，汇聚交换机之间的链路带宽就可能成为网络内数据传输的瓶颈。升级更高级别交换机固然可以解决这个问题，但并不是所有的应用场景都可以升级交换设备。所以，以端口聚合为基础的链路聚合技术是解决这个问题的一个比较好的方案。本章将以实例的方式介绍链路聚合技术的应用。

4.1 项目任务

1. 应用场景

本实验项目的LSW1和LSW2分别是两个楼层的汇聚交换机，数据流量较大，为了提升网络效率，可以采用链路聚合的方式来提升两台交换机之间的带宽。

2. 项目实现目标

在LSW1和LSW2上配置链路聚合，以提升网络带宽。

3. 实验环境拓扑

在LSW1和LSW2上连接两条链路，在这两条链路上配置链路聚合，以达到提升这两台交换机之间网络带宽的目的。链路聚合实验拓扑图如图4-1所示。

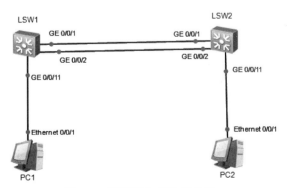

图4-1　链路聚合实验拓扑图

4.2　链路聚合技术基础

1. 链路聚合介绍

在网络设计中，人们确实常常会针对关键位置节点部署设备层面的冗余，因为关键位置节点在网络中的数量有限、作用重要，针对关键位置节点部署设备层面的冗余不会大幅度增加整个网络的成本，却可以显著提升网络的可靠性，是一种合理的设计选择。然而，基于同样的理由研判，我们也可以得出另一个结论，那就是针对网络中的非关键节点部署设备层面的冗余并不合理，因为这类设备数量庞大，失效的影响范围却不大，针对这些设备部署设备层面的冗余会大幅度增加网络的成本，但对于可靠性的提升作用十分有限。此时，另一类仅针对这类环境部署端口/链路层面冗余的技术，就会被人们视为至宝。

在企业网三层设计方案的拓扑结构中，接入层交换机的端口占用率最高，因为接入层交换机需要为大量的终端设备提供连送，并且将大多数往返于这些终端的流量转发给汇聚层交换机，这意味着接入层交换机和汇聚层交换机之间的链路需要承载更多的流量。所以，接入层交换机与汇聚层交换机之间的链路应该拥有更高的速率。然而，如果工程师考虑的方法是直接在接入层交换机上使用高速率端口连接汇聚层交换机，那么，接入层交换机的成本就会增加。考虑到一个企业网中往往需要部署大量的接入层交换机，由此增加的预算实在不容小觑。另外，这种采用高速率端口连接汇聚层交换机的做法也存在扩展性方面的问题。也就是说，当接入层交换机的上行流量增加到超出上行端口可以承载的极限时，工程师无法利用当前的平台来改善这一问题。

从理论上讲，还有另一种做法是增加链路的带宽，用多条链路连接两台交换机，让交换机可以利用多条链路发送上行流量。这样一来，不仅提升了上行带宽的扩展性，还降低了接入层交换机的成本，一举两得。不过，如果我们采用多条平行链路来连接两台交换机，那么STP就会为了避免环路的存在而阻塞掉其中的大部分端口，最终能够有效传输流量的上行链路还是只有一条，如图4-2所示。

上述这种情况是二层环境中面临的问题。在三层环境中，工程师如果希望扩展设备之间的链路带宽，那么他们也面临类似的问题。如果采用高速率端口，就会提高设备成本，而且扩展性差。采用多条平行链路连接两台设备的做法虽然不会因为受到STP的影响而导致只有一条链路可用，但管理员必须在每条链路上为两端的端口分别分配一个IP地址，而这样势必会增加IP地址资源的耗费，IP网络的复杂性也会因此增加，如图4-3所示。

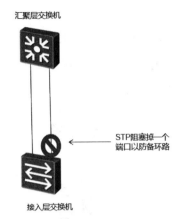

图4-2　STP防环路阻塞一条链路

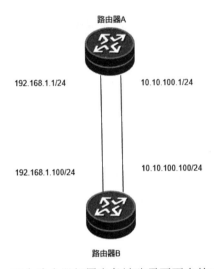

图4-3　两台路由器部署多条链路需要更多的IP地址

根据扩展链路带宽的需求，可以得出这样一个结论：如果使用多条链路连接两台设备，最好能够让两边的设备将其视为一条链路进行处理，目的是实现这样的效果：对于二层环境，STP 不会将这些平行链路构成的连接视为环路；而在三层环境中，只需要给这条链路的两端配置一对IP地址就可以满足全部链路的通信需求。在使用链路聚合技术时，管理员只需在两端的设备上分别创建一个逻辑的链路聚合端口，然后将这些平行链路的物理端口都加入这个逻辑端口中。此后，当网络设备需要通过这些物理端口连接的链路转发流量时，就会以逻辑端口作为出站端口执行转发，在其中捆绑的各个物理链路上分担负载流量。

图4-4所示为在三层环境中采用链路聚合技术，将三条连接路由器的链路捆绑为一条链路，此时管理员只需要在这条链路两端的逻辑端口上分别配置一个IP地址即可。接下来，两台设备就会使用这三条平行链路来负载分担两台设备之间的流量。

通过上面的叙述，可以得出这样的结论：链路聚合这种捆绑技术可以将多个以太网链路捆绑为一条逻辑的以太网链路。这样一来，在采用通过多条以太网链路连接两台设备的冗余设计方案时，所有链路的带宽都可以充分用来转发两台设备之间的流量。如果使用三层链路连接两台设备，这种方案还可以起到节省IP地址的作用。

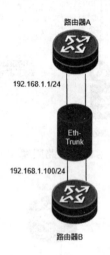

图4-4　链路聚合

2. 链路聚合模式

建立链路聚合(后文称Eth-Trunk)也像设置端口速率一样，有手动配置和通过双方动态协商两种方式。在华为的Eth-Trunk语境中，前者称为手动模式(Manual Mode)，而后者则根据协商协议被命名为LACP模式(LACP Mode)。

两种链路聚合模式的主要区别是：在LACP模式中，一些链路充当备份链路；在手动负载均衡模式中，所有的成员口都处于转发状态。

1) 手动模式

采用Eth-Trunk的手动模式就像配置静态路由，或者在本地设置端口速率一样，都是一种把功能设置本地化、静态化的操作方式。说得具体一些，就是管理员在一台设备上创建出Eth-Trunk，然后根据自己的需求将多条连接同一台交换机的端口都添加到这个Eth-Trunk中，最终在对端交换机上执行对应的操作。这是一种把功能设置本地化的操作逻辑，因此对于采用手动模式配置的Eth-Trunk，设备之间不会因建立Eth-Trunk而交互信息，它们只会按照管理员的操作执行链路捆绑，然后采用负载分担的方式，通过捆绑的链路发送数据。

实际上，手动模式建立Eth-Trunk就像静态添加到路由表中的路由条目，它比动态学习到的路由更加稳定，但缺乏灵活性。如果静态路由的出站接口为"DOWN"状态，那么路由器就会将这条静态路由从路由表中暂时删掉，直至这个出站接口的状态恢复为止，否则即使这条静态路由是一个路由黑洞，路由器也会不知情地进行转发。

同理，如果在手动模式配置的Eth-Trunk中有某一条链路出现了故障，那么双方设备可以检测到这一点，并且不再使用此条故障链路，而继续使用仍然正常的链路来发送数据。尽管因为链路故障导致一部分带宽无法使用，但是通信的效果仍然可以得到保障，如图4-5所示。

图4-5　手动模式Eth-Trunk使用故障链路外的其他链路执行负载分担

如果某台交换机上以手动模式配置的Eth-Trunk中有一条链路工作正常，但是它连接的另一台交换机因为管理员配置错误而将它划分到Eth-Trunk逻辑端口中，那么，这台交换机同样会毫不知情地使用这个端口进行转发，如图4-6所示。

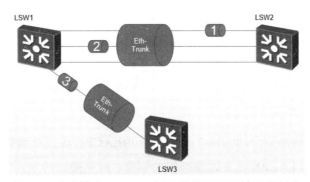

图4-6　手动模式Eth-Trunk因配置错误而无法正常通信

2) LACP模式

基于IEEE 802.3ad标准的LACP(Link Aggregation Control Protocol，链路聚合控制协议)是一种实现链路动态聚合的协议，为交换数据的设备提供一种标准的协商方式。LACP根据设备端口的配置(即速率、双工、基本配置、管理Key)形成聚合链路并启动聚合链路收发数据，聚合链路形成后，LACP负责维护链路状态，在聚合条件发生变化时，自动调整或解散链路聚合，从而使两端设备对端口加入或退出某个动态聚合组达成一致。

LACP旨在为建立链路聚合的设备之间提供协商和维护这条 Eth-Trunk 的标准。在LACP模式中，Eth-Trunk 的配置并不复杂，管理员只需要首先在两边的设备上创建出 Eth-Trunk逻辑端口，然后将这个端口配置为 LACP 模式，最后把需要捆绑的物理端口添加到这个Eth-Trunk中即可。

LACP聚合有两种工作模式：动态LACP聚合和静态LACP聚合。这两种模式下，LACP都处于使能状态。LACP通过LACPDU(Link Aggregation Control Protocol Data Unit，链路聚合控制协议数据单元)与对端交互信息实现链路的聚合。在将端口加入聚合组时，需要比较端口的基本配置,只有基本配置相同的端口才能加入同一个聚合口中。两端设备所选择的活动接口必须保持一致,否则链路聚合组就无法建立。而要想使两端活动接口保持一致,可以使其中一端具有更高的优先级,另一端根据高优先级的一端来选择活动接口即可,通过设置系统LACP优先级和端口LACP优先级来实现优先级区分。系统LACP优先级就是为了区分两端优先级的高低而配置的参数,系统LACP优先级值越小,优先级越高。接口LACP优先级是为了区别不同接口被选为活动接口的优先程度,接口LACP优先级值越小,优先级越高。

系统使能某端口的LACP后,该端口将通过发送LACPDU向对端通告自己的系统优先级、系统MAC、端口优先级、端口号和操作Key。对端接收到这些信息后,将这些信息与其他端口所保存的信息进行比较,以选择能够聚合的端口,从而双方可以对端口加入或退出某个聚合组达成一致。操作Key是在端口聚合时,LACP根据端口的配置(即速率、双工、基本配置、管理Key)生成的一个配置组合。其中,动态聚合端口在使能LACP后,其管理Key默认为零。静态聚合端口在使能LACP后,端口的管理Key与聚合组ID相同。对于动态聚合组而言,同组成员一定有相同的操作Key;而在手工和静态聚合组中,Selected的端口有相同的操作Key。

3. 静态LACP聚合

静态LACP模式链路聚合(见图4-7)是一种利用LACP协议进行参数协商选取活动链路的聚合模式。在静态 LACP模式下,聚合组的创建、成员接口的加入都是由手工配置完成的。但与手工负载分担模式链路聚合不同的是,该模式下的LACP报文参与活动接口的选择。也就是说,当把一组接口加入聚合组,这些成员接口中,哪些接口作为活动接口、哪些接口作为非活动接口,还需要经过LACP报文的协商确定。

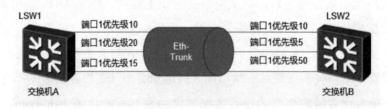

图4-7 静态LACP聚合

静态LACP由协议确定聚合组中的活动和非活动链路,又称为$M:N$模式,即M条活动链路与N条备份链路的模式。这种模式提供了更高的链路可靠性,并且可以在M条链路中实现不同方式的负载均衡。在$M:N$模式的聚合组中,M和N的值可以通过配置活动接口数上限阈值来确定。

静态聚合端口的LACP为使能状态,当一个静态聚合组被删除时,其成员端口将形成一个或多个动态LACP聚合,并保持LACP使能。禁止用户关闭静态聚合端口的LACP。

1) 建立过程

本端系统和对端系统会进行协商，聚合组建立过程如下所述。

(1) 两端互相发送LACPDU报文。

(2) 两端设备根据系统LACP优先级确定主从关系。

(3) 两端设备根据接口LACP优先级确定活动接口，最终以主动端设备的活动接口确定两端的活动接口。

在两端设备交换机A和交换机B上创建聚合组并配置为静态LACP模式，然后向聚合组中手工加入成员接口。此时，成员接口上便启用了LACP，两端互相发出LACPDU报文，如图4-8所示。

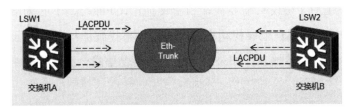

图4-8 静态LACP聚合互发LACPDU报文

聚合组两端设备均会收到对端发来的LACP报文，本端系统和对端系统会根据两端系统中的设备ID和端口ID等来决定两端端口的状态。

2) 端口状态协商

在静态LACP聚合组中，端口可能处于三种状态：Selected、Unselected、Standby。聚合组端口状态通过本端系统和对端系统进行协商确定，根据两端系统中的设备ID、端口ID等来决定两端端口的状态，具体的协商原则如下所述。

(1) 比较两端系统的设备ID(设备ID＝系统的LACP优先级+系统MAC地址)。先比较系统的LACP优先级，如果相同，再比较系统MAC地址。设备ID小的一端被认为较优(系统的LACP优先级越小、系统MAC地址越小，则设备ID越小)，这里认为是Master设备，优先级较低的设备认为是Slave设备。

(2) 在LACP静态聚合组协商成功之后，对组内的端口进行比较，选出参考端口。首先，比较端口ID(端口ID＝端口的LACP优先级+端口号)；其次，比较端口的LACP优先级，如果优先级相同再比较端口号，端口ID小的端口作为参考端口(端口的LACP优先级越小、端口号越小，则端口ID越小)。

(3) 与参考端口的速率、双工、链路状态和基本配置一致且处于up状态的端口，并且该端口的对端端口与参考端口的对端端口的配置也一致时，该端口才成为可能处于Selected状态的候选端口；否则，端口将处于Unselected状态。

(4) 静态LACP聚合组中处于Selected状态的端口数是有限制的，当候选端口的数目未达到上限时，所有候选端口都为Selected状态，其他端口为Unselected状态；当候选端口的数目超过这一限制时，根据端口ID(端口LACP优先级、端口号)选出Selected状态的端口，而因为数目限制不能加入聚合组的端口设置为Standby状态，其余不满足加入聚合组条件的端口设置为Unselected状态。

4. 动态LACP聚合

动态LACP聚合是一种系统自动创建/删除的聚合，不允许用户增加或删除动态LACP聚合中的成员端口，只有速率和双工属性相同、连接到同一个设备、有相同基本配置的端口才能被动态聚合在一起。即使只有一个端口，也可以创建动态聚合，此时为单端口聚合。在动态聚合中，端口的LACP协议处于使能状态。

端口使能动态LACP协议只需要在端口上使能LACP即可，不必为端口指定聚合组。使能动态LACP的端口需要自己寻找动态聚合组，如果找到了与自己信息(包括自己的对端信息)一致的聚合组，直接加入；如果没有找到与自己信息一致的聚合组，可创建一个新的聚合组。

动态LACP协议与对端的协商过程和静态聚合的过程一样，不再赘述。

4.3 项目实现

1. 配置手动模式的链路聚合

在LSW1和LSW2上创建Eth-Trunk 1，然后将G0/0/1和G0/0/2接口加入Eth-Trunk 1。需注意，将接口加入Eth-Trunk前，需确认成员接口下没有任何配置。

(1) 在LSW1上创建Eth-Trunk 1，将G0/0/1和G0/0/2接口加入Eth-Trunk 1。

[LSW1]interface Eth-Trunk 1

[LSW1-Eth-Trunk1]quit

[LSW1]interface GigabitEthernet 0/0/1

[LSW1-GigabitEthernet0/0/1]eth-trunk 1

[LSW1-GigabitEthernet0/0/1]quit

[LSW1]interface GigabitEthernet 0/0/2

[LSW1-GigabitEthernet0/0/2]eth-trunk 1

(2) 在LSW2上创建Eth-Trunk 1，将G0/0/1和G0/0/2接口加入Eth-Trunk 1。

[LSW2]interface Eth-Trunk 1

[LSW2-Eth-Trunk1]quit

[LSW2]interface GigabitEthernet 0/0/1

[LSW2-GigabitEthernet0/0/1]eth-trunk 1

[LSW2-GigabitEthernet0/0/1]quit

[LSW2]interface GigabitEthernet 0/0/2

[LSW2-GigabitEthernet0/0/2]eth-trunk 1

(3) 验证Eth-Trunk的配置结果。

查询两个交换机的聚合配置结果，可以看到两个接口的聚合配置已经完成并启动。

[LSW1]display eth-trunk 1

```
Eth-Trunk1's state information is:
WorkingMode: NORMAL Hash arithmetic: According to SIP-XOR-DIP
Least Active-linknumber: 1 Max Bandwidth-affected-linknumber: 8
Operate status: up      Number Of Up Port In Trunk: 2
----------------------------------------------------------------
--------------
PortName Status Weight
GigabitEthernet0/0/1 Up 1
GigabitEthernet0/0/2 Up 1
```

[LSW2]display eth-trunk 1

```
Eth-Trunk1's state information is:
WorkingMode: NORMAL Hash arithmetic: According to SIP-XOR-DIP
Least Active-linknumber: 1 Max Bandwidth-affected-linknumber: 8
Operate status: up      Number Of Up Port In Trunk: 2
----------------------------------------------------------------
--------------
PortName Status Weight
GigabitEthernet0/0/1 Up 1
GigabitEthernet0/0/2 Up 1
```

2. 配置使用静态LACP模式的链路聚合

由于之前配置了手动模式的链路聚合，在更换链路聚合模式的时候，需要删除之前的配置，然后再做新的配置。

(1) 删除LSW1上的G0/0/1和G0/0/2接口关联和聚合接口。

[LSW1]interface GigabitEthernet 0/0/1

[LSW1-GigabitEthernet0/0/1]undo eth-trunk

[LSW1-GigabitEthernet0/0/1]quit

[LSW1]interface GigabitEthernet 0/0/2

[LSW1-GigabitEthernet0/0/2]undo eth-trunk

[LSW1-GigabitEthernet0/0/2]quit

[LSW1]undo interface Eth-Trunk 1

(2) 删除LSW2上的G0/0/1和G0/0/2接口关联和聚合接口。

[LSW2]interface GigabitEthernet 0/0/1

[LSW2-GigabitEthernet0/0/1]undo eth-trunk

[LSW2-GigabitEthernet0/0/1]quit

[LSW2]interface GigabitEthernet 0/0/2

[LSW2-GigabitEthernet0/0/2]undo eth-trunk

[LSW2-GigabitEthernet0/0/2]quit

[LSW2]undo interface Eth-Trunk 1

(3) 在LSW1上配置LACP。

这个配置分3个步骤：建立聚合接口，使能LACP，在聚合接口中加入物理接口。

[LSW1]interface Eth-Trunk 20

[LSW1-Eth-Trunk20]mode lacp-static

[LSW1-Eth-Trunk20]trunkport GigabitEthernet 0/0/1 to 0/0/2

(4) 在LSW2上配置LACP。

[LSW2]interface Eth-Trunk 20

[LSW2-Eth-Trunk20]mode lacp-static

[LSW2-Eth-Trunk20]trunkport GigabitEthernet 0/0/1 to 0/0/2

(5) 验证状态。在LSW1上查看链路聚合状态，可以看出，此时链路聚合端口已经启用，工作在LACP静态模式下，同时也看到对端设备的接口状态。

[LSW1]disp eth-trunk 20

```
Eth-Trunk20's state information is:
Local:
```

```
LAG ID: 20                      WorkingMode: STATIC
Preempt Delay: Disabled         Hash arithmetic: According to SIP-
XOR-DIP
System Priority: 32768          System ID: 4c1f-cc20-2cf7
Least Active-linknumber: 1      Max Active-linknumber: 8
Operate status: up              Number Of Up Port In Trunk: 2
-----------------------------------------------------------------
ActorPortName              Status     PortType  PortPri  PortNo  PortKey
PortState Weight
GigabitEthernet0/0/1       Selected   1GE       32768    2       5169
10111100   1
GigabitEthernet0/0/2       Selected   1GE       32768    3       5169
10111100   1


Partner:
-----------------------------------------------------------------

ActorPortName     SysPri  SystemID        PortPri  PortNo  PortKey  PortState
GigabitEthernet0/0/1 32768  4c1f-cc0a-2f11  32768    2       5169     10111100
GigabitEthernet0/0/2 32768  4c1f-cc0a-2f11  32768    3       5169     10111100
```

(6) 配置LSW1为主动端。在使用链路聚合时，双方的设备有一端为主动端。本示例中，在LSW1上配置LACP的系统优先级为100，使其成为LACP主动端。

[LSW1]lacp priority 100

配置接口的优先级确定活动链路。

[LSW1]interface GigabitEthernet 0/0/1

[LSW1-GigabitEthernet0/0/1]lacp priority 100

[LSW1-GigabitEthernet0/0/1]quit

[LSW1]interface GigabitEthernet 0/0/2

[LSW1-GigabitEthernet0/0/2]lacp priority 100

(7) 验证配置结果。

[LSW1]display eth-trunk 20

```
Sep 1 2019 16:44:57-08:00 LSW1 DS/4/DATASYNC_CFGCHANGE:OID
1.3.6.1.4.1.2011.5.2
5.191.3.1 configurations have been changed. The current change
number is 9, the
change loop count is 0, and the maximum number of records is
4095.
Eth-Trunk20's state information is:
Local:
LAG ID: 20                     WorkingMode: STATIC
Preempt Delay: Disabled        Hash arithmetic: According to SIP-
XOR-DIP
System Priority: 100           System ID: 4c1f-cc20-2cf7
Least Active-linknumber: 1     Max Active-linknumber: 8
Operate status: up             Number Of Up Port In Trunk: 2
--------------------------------------------------------------
------------------
ActorPortName           Status    PortType PortPri PortNo PortKey
PortState Weight
GigabitEthernet0/0/1 Selected 1GE    100    2    5169    10111100   1
GigabitEthernet0/0/2 Selected 1GE    100    3    5169    10111100   1

Partner:
--------------------------------------------------------------
------------------
ActorPortName   SysPri SystemID PortPri PortNo PortKey PortState
GigabitEthernet0/0/1 32768 4c1f-cc0a-2f11 32768 2 5169    10111100
GigabitEthernet0/0/2 32768 4c1f-cc0a-2f11 32768 3  5169   10111100
```

本章小结

对于核心层和汇聚层的交换设备，由于汇总了大量终端的数据流量，可能会产生超出带宽的流量需求，此时链路聚合技术就是一个非常好的解决方案。本章介绍了一个链路聚合的应用场景实例，先介绍了链路聚合技术所需的技术基础，在此基础上介绍了实现此项目的设备配置。

第 5 章 静态路由技术

当网络中有路由器时,需要有路由(也就是路径)来指明数据转发的方向。静态路由是一种比较简单、容易实现的路由方式,一般适用于小型网络。路由项目由管理员手动配置,所以静态路由是固定的,即使网络状况已经改变或是重新被组态,它也不会改变。

本实验项目将向读者介绍一个使用静态路由的实例。

5.1 项目任务

1. 应用场景

在小范围、主机少的情况下,全交换网络是一种比较容易实现的组网方式。由于交换设备的配置比较少,适合简单场景的应用。

但是,当应用场景开始逐渐复杂多样时,交换网络就无法灵活地保证各个区域的互通控制。此时,就需要由更高级的网络控制技术来实现各个不同区域之间的互联互通控制,这也是路由技术的应用目的。

在本实验中,有3个实验室,分别通过3个路由器(R1、R2、R3)接入网络,R4为校园网路由器。为了简化配置,在拓扑图中省去各个路由器下面的二层交换机,直接与PC相连。

在实际应用场景中,这3个实验室都应该可以访问校园网,但是相互之间的访问有限制。

2. 项目实现目标

通过配置静态路由来实现网内的互联互通,并实现以下目标。

(1) PC1、PC2、PC3均可访问R4。

(2) PC1可以与PC3互访。

(3) PC2可以与PC3互访。

(4) PC1不可以访问PC2。

3. 实验环境拓扑

实验拓扑图如图5-1所示。

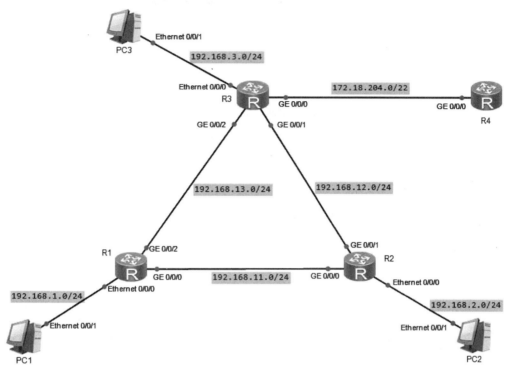

图5-1　实验拓扑图

图5-1中各个设备的IP地址配置如表5-1所示。

表5-1　IP地址配置

设备名	接口	IP地址
R1	E0/0/0	192.168.1.1/24
	G0/0/0	192.168.11.1/24
	G0/0/2	192.168.13.2/24
R2	E0/0/0	192.168.2.1/24
	G0/0/0	192.168.11.2/24
	G0/0/1	192.168.12.1/24
R3	E0/0/0	192.168.3.1/24
	G0/0/0	172.18.204.11/22
	G0/0/1	192.168.12.2/24
	G0/0/2	192.168.13.1/24
R4	G0/0/0	172.18.204.12/22
PC1	E0/0/1	192.168.1.2/24
PC2	E0/0/1	192.168.2.2/24
PC3	E0/0/1	192.168.3.2/24

5.2 静态路由技术基础

1. 静态路由基本概念

静态路由是指由管理员手动配置和维护的路由。静态路由配置简单，并且无须像动态路由那样占用路由器的CPU资源来计算和分析路由更新。当网络的拓扑结构或链路的状态发生变化时，网络管理员需要手工去修改路由表中相关的静态路由信息。

静态路由信息在默认情况下是私有的，不会传递给其他路由器。当然，网络管理员也可以通过对路由器进行设置使之成为共享的路由。静态路由一般适用于比较简单的网络环境，在这样的环境中，网络管理员易于清楚地了解网络的拓扑结构，便于设置正确的路由信息。

2. 静态路由的特点

(1) 手动配置。静态路由需要管理员根据实际需要逐条手动配置，路由器不会自动生成所需的静态路由。静态路由中包括目标节点或目标网络的IP地址，还包括下一跳IP地址(通常是下一个路由器与本地路由器连接的接口IP地址)，以及在本路由器上使用该静态路由时的数据包出接口等。

(2) 路由路径相对固定。因为静态路由是手动配置的、静态的，所以每个配置的静态路由在本地路由器上的路径基本上是不变的，除非由管理员自己修改。另外，当网络的拓扑结构或链路的状态发生变化时，这些静态路由仍不能自动修改，需要网络管理员手工修改路由表中相关的静态路由信息。

(3) 永久存在。由于静态路由是由管理员手工创建的，所以一旦创建完成，它会在路由表中永久存在，除非管理员自己删除它，或者静态路由中指定的出接口关闭，或者下一跳IP地址不可达。

(4) 单向性。静态路由是具有单向性的，也就是说，它仅为数据提供沿着下一跳方向的路由，不提供反向路由。所以，如果你想要使源节点与目标节点或网络进行双向通信，就必须同时配置回程静态路由。

静态路由一般适用于结构简单的网络。在复杂的网络环境中，一般会使用动态路由协议来生成动态路由。不过，即使是在复杂的网络环境中，合理地配置一些静态路由也可以改进网络的性能。

华为设备静态路由的默认路由优先级为60，可通过命令进行修改。

3. 静态路由的优缺点

静态路由的优点是网络安全保密性高。由于动态路由需要路由器之间频繁地交换各自的路由表，而对路由表的分析可以揭示网络的拓扑结构和网络地址等信息，因此，出于网络安全方面的考虑，也可以采用静态路由。

大型和复杂的网络环境通常不宜采用静态路由。一方面，网络管理员难以全面地了解整个网络拓扑结构；另一方面，当网络拓扑结构和链路状态发生变化时，路由器中的静态路由信息需要大范围调整，这项工作的难度和复杂程度非常高。

4. 静态路由配置

静态路由配置命令：

ip route-static ip-address { mask | mask-length } interface-type interface-number [nexthop-address]

ip-address——指定了一个网络或者主机的目的地址；

mask/mask-length—— 指定了一个子网掩码或者前缀长度。

如果使用广播接口，如以太网接口作为出接口，则必须要指定下一跳地址；如果使用串口作为出接口，则可以通过参数interface-type和interface-number(如Serial 1/0/0)来配置出接口，此时不必指定下一跳地址。

nexthop-address——指定下一条IP地址，可选，如果指定端口作为出接口，就不必指定此项。

静态路由配置实例如图5-2所示。

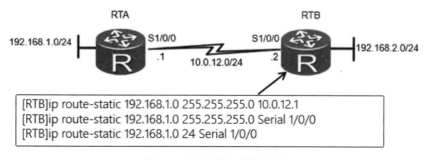

图5-2　静态路由配置实例

5. 直连路由

直连路由是唯一的会自动向自己的路由表中添加的路由。这种路由条目指向的目的网络是路由器接口直连的网络，而这台路由器也是数据包在到达该目的网络之前经历的最后一跳路由器。因此，直连路由的路由优先级和度量值皆为0。可见，如果将直连路由的优先级和度量值修改为其他数值则极容易导致次优路由甚至路由环路问题，所以直连路由的路由优先级和度量值都是不可修改的。

鉴于直连路由既代表这台路由器是数据包在到达目的网络之前的最后一跳，同时拥有最优的路由优先级，因此路由器就必须保障直连路由的有效性，确保路由器不会把以直连路由网络为目的地址的数据包通过一条实际上无法通信的接口转发出去。这就决定了路由器只会把状态正常的接口所连接的网络，作为直连路由放入自己的路由表中。

直连路由实例如图5-3所示。

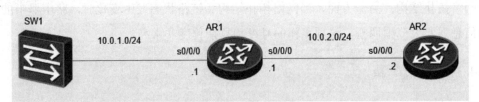

图5-3　直连路由实例

直连路由不需要特殊配置，网络管理员只要将路由器端口IP地址配置完毕，使用查看路由表命令display ip routing-table，就可以看到直连路由。

[AR1]display ip routing-table

```
Route Flags: R - relay, D - download to fib
----------------------------------------------------------------
Routing Tables: Public
         Destinations : 7        Routes : 7
Destination/Mask    Proto   Pre  Cost   Flags  NextHop        Interface
    10.0.1.0/24    Direct   0    0       D     10.0.1.1       Ethernet0/0/0
    10.0.1.1/32    Direct   0    0       D     127.0.0.1      Ethernet0/0/0
    10.0.2.0/24    Direct   0    0       D     10.0.2.1       Serial0/0/0
    10.0.2.1/32    Direct   0    0       D     127.0.0.1      Serial0/0/0
    10.0.2.2/32    Direct   0    0       D     10.0.2.2       Serial0/0/0
    127.0.0.0/8    Direct   0    0       D     127.0.0.1      InLoopBack0
    127.0.0.1/32   Direct   0    0       D     127.0.0.1      InLoopBack0
```

6. 默认路由

前文介绍过，当路由器尝试转发数据包时，会在IP路由表中查询数据包的目的IP地址,如果IP路由表中没有与之匹配的条目,路由器就会丢弃这个数据包。然而,如果按照这种逻辑进行推演,似乎可以得出这样一个结论:路由器只能转发目的网络已知(保存在自己的路由表中)的数据包,至于目的网络未知的数据包,路由器只能选择丢弃。

如果这样的结论成立,那么当企业中的用户有上网需求(比如需要访问华为首页查看设备信息),而企业路由器又不知道这些服务器的IP地址(比如华为公司网站服务器的IP地址),那么就只能丢弃数据包,而这显然会导致企业用户无法访问重要的资源。因此,需要有一种路由技术可以解决这类特殊的路由问题。

路由器在依据数据包目的IP地址转发数据包时,会采用"最长匹配"原则,即当多条路由均匹配数据包的目的IP地址时,路由器会按照掩码最长的路由,也就是最精确的那条路由来转发这个数据包。

显然,一台路由器极难在自己的路由表中罗列去往所有网络的路由。如果路由器因为路由表中没有数据包的目的IP地址的匹配项就丢弃数据包,那么大量去往路由器未知网络的数据包都会在转发过程中遭到丢弃,这会对网络用户的正常访问操作造成严重的影响。为了避免这种情况,管理员常常会配置一条目标IP地址全为0(任意地址)的静态路由。这样一来,依据IP地址/掩码的最长匹配原则,一条全0路由可以匹配以任何IP地址作为目的地址的数据包,这就可以保证任何数据包都不会因找不到匹配的路由条目而被丢弃。同时,鉴于这是一条掩码长度为0的最不精确路由,只要路由器上还有任何一条其他的路由也可以匹配这个数据包的目的IP地址,那么,这条路由就一定比这条全0路由更加精确,于是路由器就会用更加精确的路由条目不转发数据包。这种给那些将路由器未知网络作为目的地的数据包"保底"的全0静态路由称为静态默认路由,简称默认路由。

静态默认路由也是静态路由的一种,因此配置静态默认路由的命令和配置与其他路由的方式一样。此外,静态默认路由在路由表中也会显示为"Static"。

如图5-4所示,RTA使用默认路由转发到达未知目的地址的报文。默认静态路由的默认优先级也是60。在路由选择过程中,默认路由会被最后匹配。

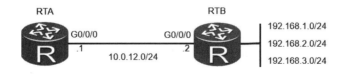

```
[RTA]ip route-static 0.0.0.0 0.0.0.0 10.0.12.2
[RTA]ip route-static 0.0.0.0 0 10.0.12.2 GigabitEthernet 0/0/0
```

图5-4 默认路由实例

5.3 项目实现

在本实验项目中，3台路由器的各个端口分别有自己的工作网段。若要实现全网互通，除了需要配置路由器的各个端口外，还需要为路由器配置数据转发路径，也就是路由表。

配置思路：首先，给各个路由器接口配置IP地址，方法是逐个进入接口后进行配置；其次，在各个路由器上配置静态路由，方法是逐条配置去往其他路由器的路由表。

1. 配置各个路由器端口IP地址

(1) 配置R1路由器各个接口地址。

[R1]interface Ethernet 0/0/0

[R1-Ethernet0/0/0]ip address 192.168.1.1 24

[R1-Ethernet0/0/0]quit

[R1]interface GigabitEthernet 0/0/0

[R1-GigabitEthernet0/0/0]ip address 192.168.11.1 24

[R1-GigabitEthernet0/0/0]quit

[R1]interface GigabitEthernet 0/0/2

[R1-GigabitEthernet0/0/1]ip address 192.168.13.2 24

[R1-GigabitEthernet0/0/1]quit

(2) 配置R2路由器各个接口地址。

[R2]interface Ethernet 0/0/0

[R2-Ethernet0/0/0]ip address 192.168.2.1 24

[R2-Ethernet0/0/0]quit

[R2]interface GigabitEthernet 0/0/0

[R2-GigabitEthernet0/0/0]ip address 192.168.11.2 24

[R2-GigabitEthernet0/0/0]quit

[R2]interface GigabitEthernet 0/0/1

[R2-GigabitEthernet0/0/1]ip address 192.168.12.1 24

[R2-GigabitEthernet0/0/1]quit

(3) 配置R3路由器各个接口地址。

[R3]interface Ethernet 0/0/0

[R3-Ethernet0/0/0]ip address 192.168.3.1 24

[R3-Ethernet0/0/0]quit

[R3]interface GigabitEthernet 0/0/0

[R3-GigabitEthernet0/0/0]ip address 172.18.204.11 22

[R3-GigabitEthernet0/0/0]quit

[R3]interface GigabitEthernet 0/0/1

[R3-GigabitEthernet0/0/1]ip address 192.168.12.2 24

[R3-GigabitEthernet0/0/1]quit

[R3]interface GigabitEthernet 0/0/2

[R3-GigabitEthernet0/0/1]ip address 192.168.13.1 24

[R3-GigabitEthernet0/0/1]quit

(4) 配置R4路由器的接口地址。

[R4]interface GigabitEthernet 0/0/0

[R4-GigabitEthernet0/0/0]ip address 172.18.204.12 22

[R4-GigabitEthernet0/0/0]quit

2. 配置静态路由

1) 配置R1的静态路由
在这里，需要配置去往其他路由器各个网段的路由，应手动逐个配置。

(1) 经G0/0/0去往路由器R2的192.168.12.0/24和192.168.2.0/24网段的路径。

[R1]ip route-static 192.168.12.0 255.255.255.0 192.168.11.2

[R1]ip route-static 192.168.2.0 255.255.255.0 192.168.11.2

(2) 经G0/0/2去往路由器R3的192.168.12.0/24、192.168.3.0/24和172.18.204.0/22网段的路径。

[R1]ip route-static 192.168.3.0 255.255.255.0 192.168.13.1

[R1]ip route-static 192.168.12.0 255.255.255.0 192.168.13.1

[R1]ip route-static 172.18.204.0 255.255.252.0 192.168.13.1

(3) R1内部路径转发地址。

[R1]ip route-static 0.0.0.0 0.0.0.0 192.168.13.1

2) 配置R2的静态路由

(1) 经G0/0/0去往路由器R1的192.168.1.0/24和192.168.13.0/24网段的路径。

[R2]ip route-static 192.168.1.0 255.255.255.0 192.168.11.1

[R2]ip route-static 192.168.13.0 255.255.255.0 192.168.11.1

(2) 经G0/0/1去往路由器R3的192.168.3.0/24、192.168.13.0/24和172.18.204.0/22网段的路径。

[R2]ip route-static 192.168.3.0 255.255.255.0 192.168.12.2

[R2]ip route-static 192.168.13.0 255.255.255.0 192.168.12.2

[R2]ip route-static 172.18.204.0 255.255.252.0 192.168.12.2

3) 配置R3的静态路由

(1) 经G0/0/2去往路由器R1的192.168.1.0/24、192.168.11.0/24网段的路径。

[R3]ip route-static 192.168.1.0 255.255.255.0 192.168.13.2

[R3]ip route-static 192.168.11.0 255.255.255.0 192.168.13.2

(2) 经G0/0/1去往路由器R2的192.168.2.0/24、192.168.11.0/24网段的路径。

[R3]ip route-static 192.168.2.0 255.255.255.0 192.168.12.1

[R3]ip route-static 192.168.11.0 255.255.255.0 192.168.12.1

4) 配置R4的静态路由

[R4]ip route-static 192.168.3.0 255.255.255.0 172.18.204.11

[R4]ip route-static 192.168.12.0 255.255.255.0 172.18.204.11

[R4]ip route-static 192.168.13.0 255.255.255.0 172.18.204.11

[R4]ip route-static 0.0.0.0 0.0.0.0 172.18.204.11

3. 验证静态路由

1) 在R1路由器上运行

[R1]ping 172.18.204.12

```
    PING 172.18.204.12: 56  data bytes, press CTRL_C to break
      Reply from 172.18.204.12: bytes=56 Sequence=1 ttl=254
time=70 ms
      Reply from 172.18.204.12: bytes=56 Sequence=2 ttl=254
time=70 ms
      Reply from 172.18.204.12: bytes=56 Sequence=3 ttl=254
time=80 ms
      Reply from 172.18.204.12: bytes=56 Sequence=4 ttl=254
time=40 ms
      Reply from 172.18.204.12: bytes=56 Sequence=5 ttl=254
time=60 ms
```

```
    --- 172.18.204.12 ping statistics ---
      5 packet(s) transmitted
      5 packet(s) received
      0.00% packet loss
round-trip min/avg/max = 40/64/80 ms
```

2) 主机PC1上运行

PC1>ping 172.18.208.12

```
Ping 172.18.208.12: 32 data bytes, Press Ctrl_C to break
From 172.18.208.12: bytes=32 seq=1 ttl=253 time=47 ms
From 172.18.208.12: bytes=32 seq=2 ttl=253 time=63 ms
From 172.18.208.12: bytes=32 seq=3 ttl=253 time=63 ms
From 172.18.208.12: bytes=32 seq=4 ttl=253 time=62 ms
From 172.18.208.12: bytes=32 seq=5 ttl=253 time=63 ms
--- 172.18.208.12 ping statistics ---
  5 packet(s) transmitted
  5 packet(s) received
  0.00% packet loss
  round-trip min/avg/max = 47/59/63 ms
```

PC1>ping 192.168.2.2

```
Ping 192.168.2.2: 32 data bytes, Press Ctrl_C to break
From 192.168.2.2: bytes=32 seq=1 ttl=126 time=62 ms
From 192.168.2.2: bytes=32 seq=2 ttl=126 time=63 ms
From 192.168.2.2: bytes=32 seq=3 ttl=126 time=47 ms
From 192.168.2.2: bytes=32 seq=4 ttl=126 time=62 ms
From 192.168.2.2: bytes=32 seq=5 ttl=126 time=47 ms
--- 192.168.2.2 ping statistics ---
  5 packet(s) transmitted
  5 packet(s) received
  0.00% packet loss
  round-trip min/avg/max = 47/56/63 ms
```

PC1>ping 192.168.3.2

```
Ping 192.168.3.2: 32 data bytes, Press Ctrl_C to break
From 192.168.3.2: bytes=32 seq=1 ttl=126 time=62 ms
From 192.168.3.2: bytes=32 seq=2 ttl=126 time=63 ms
From 192.168.3.2: bytes=32 seq=3 ttl=126 time=62 ms
From 192.168.3.2: bytes=32 seq=4 ttl=126 time=78 ms
From 192.168.3.2: bytes=32 seq=5 ttl=126 time=63 ms
--- 192.168.3.2 ping statistics ---
  5 packet(s) transmitted
  5 packet(s) received
  0.00% packet loss
  round-trip min/avg/max = 62/65/78 ms
```

3) 主机PC2上运行

PC2>ping 172.16.208.12

```
Ping 172.16.208.12: 32 data bytes, Press Ctrl_C to break
From 172.16.208.12: bytes=32 seq=1 ttl=253 time=62 ms
From 172.16.208.12: bytes=32 seq=2 ttl=253 time=63 ms
From 172.16.208.12: bytes=32 seq=3 ttl=253 time=62 ms
From 172.16.208.12: bytes=32 seq=4 ttl=253 time=63 ms
From 172.16.208.12: bytes=32 seq=5 ttl=253 time=78 ms
--- 172.16.208.12 ping statistics ---
  5 packet(s) transmitted
  5 packet(s) received
  0.00% packet loss
  round-trip min/avg/max = 62/65/78 ms
```

4) 主机PC3上运行

PC>ping 172.18.204.12

```
Ping 172.18.204.12: 32 data bytes, Press Ctrl_C to break
From 172.18.204.12: bytes=32 seq=1 ttl=254 time=47 ms
```

```
From 172.18.204.12: bytes=32 seq=2 ttl=254 time=62 ms
From 172.18.204.12: bytes=32 seq=3 ttl=254 time=32 ms
From 172.18.204.12: bytes=32 seq=4 ttl=254 time=31 ms
From 172.18.204.12: bytes=32 seq=5 ttl=254 time=47 ms
--- 172.18.204.12 ping statistics ---
  5 packet(s) transmitted
  5 packet(s) received
  0.00% packet loss
  round-trip min/avg/max = 31/43/62 ms
```

经过上述验证，可以说明网络已经互联互通，网络静态路由配置正确。

本章小结

静态路由技术是数据通信网络路由技术的基础。本章讲解了路由的概念、静态路由技术的基础和基本配置方法，设计了一个典型的路由器静态应用实例，并给出了配置方法。需要注意的是，静态路由的配置命令每次配置的是一个方向的路由，如果要让两台终端双向互通，必须在对方的路由器上配置回路。

第 6 章 VLAN间路由技术

在实际应用中，不同VLAN间的数据通信是一个重要的应用领域。本章将介绍实现VLAN间路由的3种技术，并完成相应的实验示例。

6.1 项目任务

1. 应用场景

VLAN技术可以将连接在同一个交换网络中的主机，按照实际应用的需要划分成若干个逻辑区域，每个逻辑区域就是一个虚拟局域网。同时，在划分虚拟局域网之后，同一个交换网络的主机也会被划分到不同的广播域中。

交换式网络可以用VLAN划分来隔离不同广播域的设备，但同时也限制了VLAN间主机的数据通信。在这种情况下，可以通过VLAN间路由来实现不同VLAN间的数据互通。

实验楼中有2个实验室，每个实验室通过1台接入交换机接入楼层的汇聚交换机。在进行VLAN划分时，每个实验室为一个VLAN。这2个VLAN之间有数据通信的需求，所以需要相互之间可以通信。

在实际应用中，有3种实现VLAN间路由的技术可供使用：普通VLAN间路由，单臂路由，三层交换。

2. 项目实现目标

(1) 在汇聚交换机LSW3上划分两个VLAN。
(2) 在未配置VLAN间路由时，实验室之间的主机无法互访。
(3) 分别用3种不同的技术实现VLAN间路由。
(4) 配置VLAN间路由后，实验室之间的主机可以互访。

3. 实验环境拓扑

图6-1为本实验的应用场景环境拓扑，两个实验室分别被划分在VLAN11和VLAN12

中，使用的接口和IP地址配置请见图6-1中的标注。

需要说明的是，这3种不同类型的VLAN间路由对设备的使用有所不同，所以图6-1给出的只是应用场景的拓扑。在使用不同的VLAN间技术时，拓扑图会根据实际需要而有所修改。

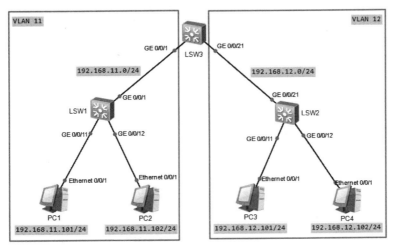

图6-1　VLAN间路由实验应用场景环境拓扑

6.2　VLAN间路由技术基础

6.2.1　普通VLAN间路由技术基础

从图6-1可以看出，LSW1、LSW2、LSW3及连接到交换机的设备都在一个二层交换网络中，即便采用不同的IP地址段，这些设备仍然处于同一个广播域中。

在划分VLAN后，LSW1所接的设备和端口被划分到VLAN11中，LSW2所接的设备和端口被划分到VLAN12中，这两个VLAN间的设备不在同一个广播域内。

在二层交换网络中，VLAN11和VLAN12无法实现设备的互通，必须通过三层路由才能在两个不同的VLAN间进行数据通信，最容易想到的解决方式是给每一个VLAN设置一个路由器出口，然后将每个VLAN的出口路由器都配置成互通，就可以实现VLAN间的数据通信，具体可以用图6-2中的拓扑来描述这个思路。

在图6-2的拓扑中，R1的G0/0/3端口是VLAN11的出口网关，R2的G0/0/2端口是VLAN12的出口网关，在R1和R2间通过一条路由就可以实现两个VLAN间的互访。从设备配置来看，只需要在R1和R2间配置相应的静态路由即可。

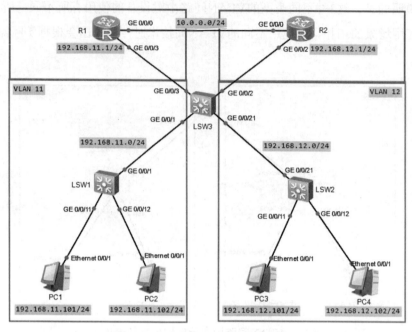

图6-2　每个VLAN对应一个路由器

但是，这种配置方案明显需要多个路由器，设备代价比较大。而这种VLAN间路由解决方案的核心，就是使用路由器的三层转发功能。那么，是否有办法减少路由器的数量呢？图6-3给出了一个单路由器分别连接两个VLAN的解决方案。

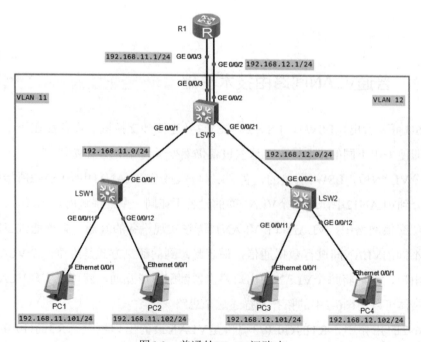

图6-3　普通的VLAN间路由

在图6-3的解决方案中，只使用一台路由器，路由的两个端口分别被配置成两个VLAN的出口网关。在路由器内部，只要允许G0/0/3和G0/0/2之间的数据通信，就实现了这两个VLAN间的数据通信。

假设设备上电后，所有的PC和路由器端口都已经通过ARP协议交互建立了IP-MAC对应关系，交换机也都学习到了各设备的MAC地址，那么在这个拓扑下，两个不同VLAN间的设备PC1与PC3之间的通信，包括以下几个步骤。

1. PC1发出数据帧

PC1查询自己的路由表，发现目标地址在另一个网段中，于是就将要发送的数据帧都发给默认网关，也就是R1的G0/0/3端口。所以，PC1向交换机LSW1发出数据帧，帧目的IP地址是PC3的IP地址，目的MAC地址是默认网关的MAC地址。

2. 交换机转发

LSW1收到数据帧后，查询MAC地址表，确定该帧应由G0/0/1端口转发出去，送到连接VLAN11的R1端口G0/0/3。

3. 路由器转发

R1的G0/0/3端口收到数据帧后，根据目的IP地址查询路由表，发现有一条路由去往目标网络，出口接口为G0/0/2。所以，R1向出口所接的交换机LSW2发出属于VLAN12的、目的IP地址为PC3的IP地址、目的MAC地址为PC3的MAC的数据帧。

4. 交换机转发

LSW2收到数据帧后，查询MAC地址表，确定该帧应由G0/0/11端口转发出去，送给PC3。

5. PC3收到数据帧

PC3收到目标地址是自己地址的数据帧，并进行相应的处理。

6.2.2 单臂路由技术基础

尽管普通VLAN间路由实现了不同VLAN间的数据通信，但是这种解决方案对路由器端口的数量是有要求的。每接一个VLAN，就需要对应一个路由器端口，这对于端口数量较少的路由器来说，是无法实现超过端口数量的多个VLAN间路由。所以，需要一种只占用一个路由器物理接口的解决方案，来解决多个不同VLAN间数据流量转发的问题。由于交换机的一个端口可以转发不同VLAN的数据，如果与交换机连接的路由器物理端口可以处理多个不同VLAN数据流量，那么就可以实现。为了满足这个需求，路由器提供了一种在物理接口下进行接口虚拟化划分的功能，将一个物理接口划分成多个虚拟接口，并将这些虚拟接口定义为逻辑子接口，从而满足一个逻辑子接口连接一个网络的需求，也就可以将一个子接口配置成对应一个VLAN，进而实现多个不同VLAN间的数据转发。

单臂路由就是采用这项技术，即在只使用一条物理链路的情况下，对多个不同VLAN间的数据进行转发的VLAN间路由解决方案，图6-4是单臂路由的拓扑图，图中R1和LSW3之间的两条虚线就是单臂路由的逻辑链路。

单臂路由环境下的数据通信与普通VLAN间路由是一样的，但采用单臂路由，对节省路由器资源有重大的帮助，也有利于灵活配置VLAN。

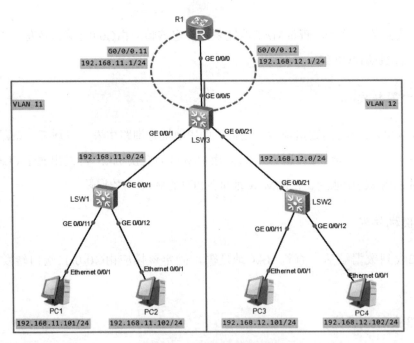

图6-4 单臂路由的拓扑

在使用单臂路由时，LSW3的G0/0/5端口类型需要设置成trunk，发出的数据帧配置了802.1Q封装带VLAN标签（PVID），所以路由器G0/0/0端口的子接口必须能识别VLAN标签，双方才能正常通信。在路由器的子接口进行配置时，需要使用dot1q termination <pvid>命令来配置802.1Q封装并指定PVID。

在默认情况下，子接口的ARP广播功能是关闭的。为了在子接口IP地址配置完毕后能正常响应ARP包并获取IP-MAC绑定关系，必须用arp broadcast enable命令来启动ARP

广播功能。

6.2.3 三层交换技术基础

尽管单臂路由技术可以在仅使用一个路由器物理端口的情况下实现不同VLAN间数据转发的功能，但毕竟还是需要一台路由器，并且需要对路由器进行相应的配置。

由于传统的二层交换机旨在连接同构网络，且不具备三层转发能力，要想实现VLAN间路由就必须使用路由器，这也是使用二层交换机的数据通信网络所必须要面临的问题。

随着技术的进步，出现了在传统二层交换机基础上添加可以进行路由转发的硬件设备，这种集成了三层数据包转发功能的交换机被称为三层交换机。这种交换机不仅可以完成传统的二层流量转发，还具备路由器的全部功能。

如果采用三层交换机，在进行不同VLAN间数据流量转发时，就不再需要一台独立的路由器。从逻辑上看，如果在三层交换机中具有类似单臂路由的逻辑接口，自然就可以实现不同VLAN间的数据转发。图6-5展示了三层交换的逻辑。

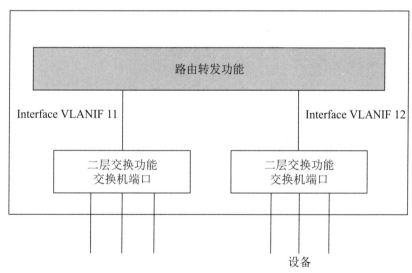

图6-5 三层交换的逻辑

从图6-5可以看出来，设备发出的数据帧通过二层端口到交换机中，在交换机内部，通过虚拟的三层接口借助路由转发功能进行路由转发，转出的数据也是通过二层端口发出的。

有了这个功能后，就可以让每个VLAN对应一个虚拟的三层接口，数据通过某一个VLAN的二层端口进入交换机，在虚拟的三层接口间进行转发，继而转发到目的VLAN的二层端口转出交换机，这样，就省去了路由器。虚拟三层接口的数量可以定义为多个，同时实现多个不同VLAN间的数据转发。

在这个基础上，就可以实现利用三层交换进行VLAN间的数据转发，如图6-6所示。

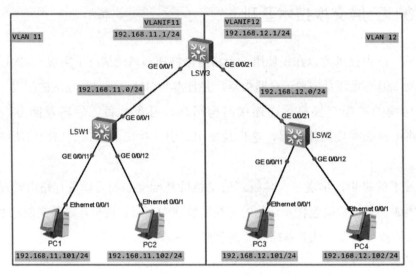

图6-6　三层交换实现VLAN间数据转发拓扑图

6.3　项目实现

6.3.1　普通VLAN间路由

使用图6-3中的拓扑，可实现普通的VLAN间路由。

1. 在LSW1上配置VLAN11

(1) 建立VLAN11。

[LSW1]vlan 11

[LSW1-vlan 11]quit

(2) 将连接PC1和PC2的端口设置到端口组port-group1，将端口设置成access类型并划入VLAN11。

[LSW1]port-group 1

[LSW1-port-group-1]group-member GigabitEthernet 0/0/11 to GigabitEthernet 0/0/12

[LSW1-port-group-1]port link-type access

[LSW1-GigabitEthernet0/0/11]port link-type access

[LSW1-GigabitEthernet0/0/12]port link-type access

[LSW1-port-group-1]port default vlan 11

[LSW1-GigabitEthernet0/0/11]port default vlan 11

[LSW1-GigabitEthernet0/0/12]port default vlan 11

[LSW1-port-group-1]quit

(3) 将连接LSW3的端口类型设置为trunk，并允许vlan11的数据通过。

[LSW1]interface GigabitEthernet 0/0/1

[LSW1-GigabitEthernet0/0/1]port link-type trunk

[LSW1-GigabitEthernet0/0/1]port trunk allow-pass vlan 11

[LSW1-GigabitEthernet0/0/1]quit

2. 在LSW2上配置VLAN12

(1) 建立VLAN12。

[LSW2]vlan 12

[LSW2-vlan12]quit

(2) 将连接PC1和PC2的端口设置到端口组port-group1，将端口设置成access类型并划入VLAN12。

[LSW2]port-group 1

[LSW2-port-group-1]group-member GigabitEthernet 0/0/11 to GigabitEthernet 0/0/12

[LSW2-port-group-1]port link-type access

[LSW2-GigabitEthernet0/0/11]port link-type access

[LSW2-GigabitEthernet0/0/12]port link-type access

[LSW2-port-group-1]port default vlan 12

[LSW2-GigabitEthernet0/0/11]port default vlan 12

[LSW2-GigabitEthernet0/0/12]port default vlan 12

[LSW2-port-group-1]quit

(3) 将连接LSW3的端口类型设置为trunk，并允许VLAN12的数据通过。

[LSW2]interface GigabitEthernet 0/0/21

[LSW2-GigabitEthernet0/0/21]port link-type trunk

[LSW2-GigabitEthernet0/0/21]port trunk allow-pass vlan 12

[LSW2-GigabitEthernet0/0/21]quit

3. 在LSW3上配置VLAN

(1) 建立VLAN11和VLAN12。

[LSW3]vlan batch 11 12

Info: This operation may take a few seconds. Please wait for a moment...done.

(2) 将连接LSW1的端口类型设置为trunk，并允许VLAN11的数据通过。

[LSW3]interface GigabitEthernet 0/0/1

[LSW3-GigabitEthernet0/0/1]port link-type trunk

[LSW3-GigabitEthernet0/0/1]port trunk allow-pass vlan 11

[LSW3-GigabitEthernet0/0/1]quit

(3) 将连接LSW2的端口类型设置为trunk，并允许VLAN12的数据通过。

[LSW3]interface GigabitEthernet 0/0/21

[LSW3-GigabitEthernet0/0/21]port link-type trunk

[LSW3-GigabitEthernet0/0/21]port trunk allow-pass vlan 12

[LSW3-GigabitEthernet0/0/21]quit

(4) 将连接R1 G0/0/3的端口类型设置为access，并允许VLAN11的数据通过。

[LSW3]interface GigabitEthernet 0/0/3

[LSW3-GigabitEthernet0/0/3]port link-type access

[LSW3-GigabitEthernet0/0/3]port default vlan 11

(5) 将连接R1 G0/0/2的端口类型设置为access，并允许VLAN12的数据通过。

[LSW3]interface GigabitEthernet 0/0/2

[LSW3-GigabitEthernet0/0/2]port link-type access

[LSW3-GigabitEthernet0/0/2]port default vlan 12

4. 在路由器R1上配置端口地址

配置完毕，通过检查路由表，可以看到已经建立了192.168.11.0/24和192.168.12.0/24这两个网络的直连路由。

[R1]interface GigabitEthernet0/0/3

[R1-GigabitEthernet0/0/3]ip address 192.168.11.1 24

[R1-GigabitEthernet0/0/3]quit

[R1]interface GigabitEthernet0/0/2

[R1-GigabitEthernet0/0/2]ip address 192.168.12.1 24

[R1-GigabitEthernet0/0/2]quit

[R1]display ip routing-table

```
Route Flags: R - relay, D - download to fib
-------------------------------------------------------------
----------------
Routing Tables: Public
         Destinations : 6        Routes : 6
Destination/Mask    Proto   Pre   Cost    Flags NextHop     Interface
      127.0.0.0/8    Direct  0     0            D    127.0.0.1    InLoopBack0
      127.0.0.1/32   Direct  0     0            D    127.0.0.1    InLoopBack0
   192.168.11.0/24   Direct  0     0            D    192.168.11.1  GigabitEthernet 0/0/3
   192.168.11.1/32   Direct  0     0            D    127.0.0.1    GigabitEthernet 0/0/3
   192.168.12.0/24   Direct  0     0            D    192.168.12.1  GigabitEthernet 0/0/2
   192.168.12.1/32   Direct  0     0            D    127.0.0.1    GigabitEthernet 0/0/2
```

5. 连通性测试

从PC1向PC3发ping命令测试连接情况,可以看到PC1与PC3之间已经建立了通信,图6-7即为ping命令的响应。

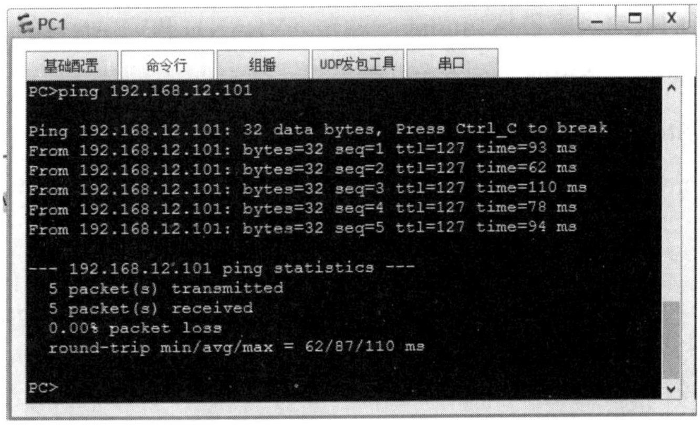

图6-7 PC1向PC3发ping命令的响应

6.3.2 单臂路由

使用图6-4中的拓扑,用单臂路由实现两个VLAN间的通信。

1. 在LSW1上配置VLAN11

这部分配置,与普通VLAN间路由对LSW1的配置相同。

2. 在LSW2上配置VLAN12

这部分配置,与普通VLAN间路由对LSW2的配置相同。

3. 在LSW3上配置VLAN

(1) 建立VLAN11和VLAN12。

[LSW3]vlan batch 11 12

Info: This operation may take a few seconds. Please wait for a moment...done.

(2) 将连接LSW1的端口类型设置为trunk,并允许VLAN11的数据通过。

LSW3]interface GigabitEthernet 0/0/1

[LSW3-GigabitEthernet0/0/1]port link-type trunk

[LSW3-GigabitEthernet0/0/1]port trunk allow-pass vlan 11

[LSW3-GigabitEthernet0/0/1]quit

(3) 将连接LSW2的端口类型设置为trunk,并允许VLAN12的数据通过。

[LSW3]interface GigabitEthernet 0/0/21

[LSW3-GigabitEthernet0/0/21]port link-type trunk

[LSW3-GigabitEthernet0/0/21]port trunk allow-pass vlan 12

[LSW3-GigabitEthernet0/0/21]quit

(4) 将连接R1的端口类型设置为trunk,并允许VLAN11和VLAN12的数据通过。

[LSW3]interface GigabitEthernet 0/0/5

[LSW3-GigabitEthernet0/0/5]port link-type trunk

[LSW3-GigabitEthernet0/0/5]port trunk allow-pass vlan 11 12

4. 配置路由器子接口地址

在路由器R1上配置端口的子接口地址,并启用802.1Q协议。配置完毕后,检查路由表,可以看到已经建立192.168.11.0/24和192.168.12.0/24这两个网络的直连路由。

(1) 配置连接VLAN11的子接口。

[R1]interface GigabitEthernet 0/0/0.11

[R1-GigabitEthernet0/0/0.11]dot1q termination vid 11

[R1-GigabitEthernet0/0/0.11]ip address 192.168.11.1 24

[R1-GigabitEthernet0/0/0.11]arp broadcast enable

[R1-GigabitEthernet0/0/0.11]quit

(2) 配置连接VLAN12的子接口。

[R1]interface GigabitEthernet 0/0/0.12

[R1-GigabitEthernet0/0/0.12]dot1q termination vid 12

[R1-GigabitEthernet0/0/0.12]ip address 192.168.12.1 24

[R1-GigabitEthernet0/0/0.12]arp broadcast enable

[R1-GigabitEthernet0/0/0.12]quit

(3) 检查路由表。

[R1]display ip routing-table

```
Route Flags: R - relay, D - download to fib
------------------------------------------------------------------
-----------------
Routing Tables: Public
        Destinations : 10      Routes : 10
Destination/Mask        Proto    Pre    Cost    Flags  NextHop
Interface
         127.0.0.0/8    Direct   0      0       D      127.0.0.1
InLoopBack0
         127.0.0.1/32   Direct   0      0       D      127.0.0.1
InLoopBack0
127.255.255.255/32 Direct 0 0   D    127.0.0.1       InLoopBack0
     192.168.11.0/24    Direct   0      0       D      192.168.11.1
GigabitEthernet 0/0/0.11
      192.168.11.1/32   Direct   0      0       D      127.0.0.1
GigabitEthernet 0/0/0.11
    192.168.11.255/32   Direct   0      0       D      127.0.0.1
GigabitEthernet 0/0/0.11
```

```
        192.168.12.0/24    Direct   0     0      D    192.168.12.1
GigabitEthernet 0/0/0.12
        192.168.12.1/32    Direct   0     0      D    127.0.0.1
GigabitEthernet 0/0/0.12
        192.168.12.255/32  Direct   0     0      D    127.0.0.1
GigabitEthernet 0/0/0.12
        255.255.255.255/32 Direct   0     0      D    127.0.0.1
InLoopBack0
```

5. 连通性测试

从PC1向PC3发ping命令测试连接情况，可以看到PC1与PC3之间已经建立了通信，响应结果与图6-7相同。

6.3.3 三层交换

使用图6-6中的拓扑，用三层交换实现两个VLAN间的通信。

1. 在LSW1上配置VLAN11

这部分配置，与普通VLAN间路由对LSW1的配置相同。

2. 在LSW2上配置VLAN12

这部分配置，与普通VLAN间路由对LSW2的配置相同。

3. 在LSW3上配置VLAN

(1) 建立VLAN11和VLAN12。

[LSW3]vlan batch 11 12

Info: This operation may take a few seconds. Please wait for a moment...done.

(2) 将连接LSW1的端口类型设置为trunk，并允许VLAN11的数据通过。

[LSW3]interface GigabitEthernet 0/0/1

[LSW3-GigabitEthernet0/0/1]port link-type trunk

[LSW3-GigabitEthernet0/0/1]port trunk allow-pass vlan 11

[LSW3-GigabitEthernet0/0/1]quit

(3) 将连接LSW2的端口类型设置为trunk并允许VLAN 12的数据通过。

[LSW3]interface GigabitEthernet 0/0/21

[LSW3-GigabitEthernet0/0/21]port link-type trunk

[LSW3-GigabitEthernet0/0/21]port trunk allow-pass vlan 12

[LSW3-GigabitEthernet0/0/21]quit

(4) 配置用于转发VLAN11数据的虚拟三层端口Vlanif11。

[LSW3]interface Vlanif 11

[LSW3-Vlanif11]ip address 192.168.11.1 24

[LSW3-Vlanif11]quit

(5) 配置用于转发VLAN12数据的虚拟三层端口Vlanif12。

[LSW3]interface Vlanif 12

[LSW3-Vlanif12]ip address 192.168.12.1 24

[LSW3-Vlanif12]quit

(6) 配置完毕后，检查三层交换机的路由表。可以看到，在路由表中建立了直连路由，通过虚拟接口Vlanif11和Vlanif12对两个不同VLAN间的数据进行了转发。

[LSW3]disp ip routing-table

```
Route Flags: R - relay, D - download to fib
------------------------------------------------------------
----------------
Routing Tables: Public
         Destinations : 6        Routes : 6
Destination/Mask     Proto    Pre   Cost         Flags  NextHop
Interface
     127.0.0.0/8     Direct   0     0            D      127.0.0.1
InLoopBack0
     127.0.0.1/32    Direct   0     0            D      127.0.0.1
InLoopBack0
   192.168.11.0/24   Direct   0     0       D    192.168.11.1      Vlanif11
   192.168.11.1/32   Direct   0     0       D    127.0.0.1         Vlanif11
   192.168.12.0/24   Direct   0     0       D    192.168.12.1      Vlanif12
   192.168.12.1/32   Direct   0     0       D    127.0.0.1         Vlanif12
```

4. 连通性测试

从PC1向PC3发ping命令测试连接情况,可以看到PC1与PC3之间已经建立了通信,响应结果与图6-7相同。

本章小结

由于VLAN技术会对交换网络进行逻辑隔离,这就导致不同VLAN间的设备无法互通。本章介绍了VLAN间路由技术的基础,讲解了普通VLAN间路由、单臂路由、三层交换这三种不同的解决VLAN间路由的技术原理,并通过实例讲解了这三种不同技术的实现方法。

第 7 章 动态路由技术

路由器是通过路由表为所传送的数据包选择一条最佳路径信息，并将该数据有效地传送到目的地的主机。路由表主要分为静态路由表和动态路由表两大类，静态路由表是由网络管理员事先设置好的固定路由表，它一般是在系统安装时，根据网络的配置情况预先设定的，它不会自动改变；动态路由表是路由器在网络运行过程中，根据网络系统的运行情况自动调整的路由表，按照路由选择算法自动计算数据传输的最佳路径。

静态路由的主要特点是简单、高效、可靠，如果网络管理员需要控制路由器对路径的选择，手工输入静态路由信息是十分必要的。但是对于一个大型的网络，路由表中信息量较大，变化较快，手工维护一个路由表就会比较困难，此时动态路由表的自动更新功能的优越性就充分体现出来了。当路由器收到最新的路由信息时，它会根据路由算法计算出最新的路径，并将最新的计算结果发送给其他的路由器，这样路由器可通过使用动态路由表随时跟踪网络的变化。

部署动态路由协议相对于配置静态路由而言，优势主要集中在扩展性和灵活性方面。不同的路由协议也可以提供不同的特性，展现出不同程度的可靠性与收敛效率。作为一种链路状态型路由协议，OSPF的工作方式与距离矢量型路由协议存在本质的不同。首先，运行OSPF的路由器会首先通过启用OSPF的接口来寻找同样运行了OSPF的路由器，并且判断双方是否应该相互交换链路状态信息。其次，能够交换链路状态信息的路由器之间就会开始共享链路状态信息，这样做的最终目的是让同一个OSPF区域中的每一台路由器拥有相同的链路状态数据库。最后，每一台路由器在本地对数据库进行运算，获得去往各个网络的最优路由。

7.1 项目任务

1. 应用场景

在小范围、主机少的情况下，全交换网络是一种比较容易实现的组网方式，交换设备的配置也比较少，适合简单场景的应用。

但是，当应用场景开始逐渐复杂多样时，交换网络就无法灵活地保证各个区域的互通控制。此时，就需要由更高级的网络控制技术来实现各个不同区域之间的互联互通控制，这也是路由技术要实现的目的。

在本实验中，有3个实验室，分别通过3个路由器接入网络(R1、R2、R3)，R4为校园网路由器，如图7-1所示。为了简化配置，拓扑图中省去了各个路由器下面的二层交换机，直接与PC相连。

在实际应用场景中，这3个实验室都应该可以访问校园网，但是相互之间的访问有限制。

2. 项目实现目标

通过配置OSPF路由来实现网内的互联互通，并实现以下目标。
(1) 各路由器的RouterID的配置。
(2) OSPF路由协议的配置。
(3) 查看OSPF运行状态。
(4) 检测路由器之间的连通性。
(5) 查看OSPF邻居状态。

3. 实验环境拓扑

OSPF配置实验应用场景环境拓扑图如图7-1所示。

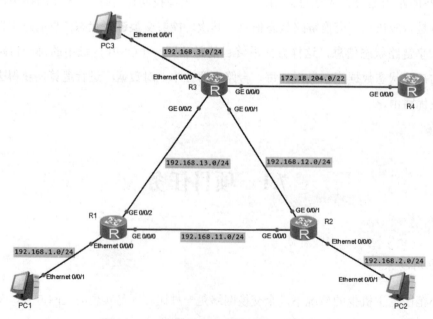

图7-1　OSPF配置实验应用场景环境拓扑图

图7-1中各个设备的IP地址配置如表7-1所示。

表7-1 设备IP地址配置

设备名	接口	IP地址
R1	E0/0/0	192.168.1.1/24
	G0/0/0	192.168.11.1/24
	G0/0/2	192.168.13.2/24
R2	E0/0/0	192.168.2.1/24
	G0/0/0	192.168.11.2/24
	G0/0/1	192.168.12.1/24
R3	E0/0/0	192.168.3.1/24
	G0/0/0	172.18.204.11/22
	G0/0/1	192.168.12.2/24
	G0/0/2	192.168.13.1/24
R4	G0/0/0	172.18.204.12/22
PC1	E0/0/1	192.168.1.100/24
PC2	E0/0/1	192.168.2.100/24
PC3	E0/0/1	192.168.3.100/24

7.2　OSPF路由协议基础

7.2.1　OSPF简介

OSPF(Open Shortest Path First，开放式最短路径优先)是一个内部网关协议(Interior Gateway Protocol，IGP)，用于在单一自治系统(Autonomous System，AS)内决策路由，是对链路状态路由协议的一种实现。运行OSPF的路由器会将自己拥有的链路状态信息，通过启用了OSPF协议的接口发送给其他OSPF设备。同一个OSPF区域中的每台设备都会参与链路状态信息的创建、发送、接收与转发，直到这个区域中的所有OSPF设备获得了相同的链路状态信息为止。然而，并不是所有启用了OSPF的直连设备都会相互交换链路状态信息，只有建立了完全(Full)邻接关系的OSPF设备之间才会相互交换链路状态信息，而两台路由器要想建立完全邻接关系，需要满足一定的条件。不过，这种做法并不会影响同一个区域中所有路由器同步出相同的链路状态数据库。

OSPF定义了5种不同的协议消息，这些消息分别包含在5种不同类型的OSPF报文中。

OSPF报文直接封装在IP数据包中(未经过传输层封装),这时,IP数据包头部中的协议字段(Protocol Field)的值规定为89。

OSPF不会周期性地发送链路状态更新消息,但OSPF会周期性地发送Hello消息,这是OSPF协议建立和保持邻居状态的关键。图7-2为OSPF协议的工作过程。

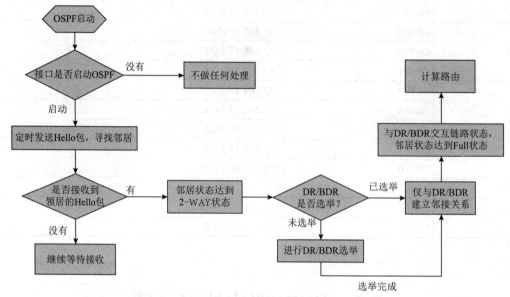

图7-2　OSPF协议的工作过程

7.2.2　OSPF的邻居表、LSDB与路由表

在OSPF操作过程中,三张数据表扮演了至关重要的角色,这三个表分别是邻居表、LSDB和路由表。

1. 邻居表

在启用了OSPF的接口上,路由器不会直接通过链路状态通告(LSA)发布自己已知的链路状态信息。它会首先发送Hello消息,希望能够在这个接口所连接的网络上发现其他同样启用了OSPF协议的路由器。

如果一台路由器在自己启用了OSPF的接口接收到其他路由器发送的OSPF Hello消息,同时这台路由器通过这个Hello消息判断出对方已接收到自己发送的Hello消息,那么就代表这两台路由器之间已经实现了双向通信。在双向通信的基础上,如果两台路由器能够满足某些条件,它们之间才能相互交换链路状态通告。

由此可以看出,路由器并不会在启用OSPF的接口直接请求其他邻居路由器发送链路状态信息,有些连接在同一个子网的OSPF路由器相互之间甚至不会直接共享链路状态信息。OSPF需要先通过Hello消息在自己连接的网络中寻找能够交换链路状态信息的邻居。为此，OSPF路由器会通过一张数据表来记录自己各个接口所连接的OSPF邻居设备，及自己与该邻居设备之间的邻居状态等信息，这张表就是OSPF邻居表。

2. LSDB

同一个区域中的所有OSPF路由器会通过相互交换链路状态通告消息，最终实现链路状态数据库(LSDB)的同步。

如果一个OSPF区域设计合理，且区域内的路由器也都配置正确，那么在满足条件的路由器之间也都充分交换了链路状态信息之后，整个区域内所有的路由器也就应该都拥有相同的LSDB，它们的LSDB中都包含区域中所有其他路由器通告的链路状态信息。

虽然当我们在路由器上查看LSDB时，看到的是一个数据表，但由于路由器的链路状态数据库是各个路由器通告自己链路状态信息最终汇总的结果，因此这个表中那些关于网络、网络设备和链路的信息，可以抽象成一张包含路径权重的有向图。其中，权重表示路由设备对于这个方向上这条路径的开销值，因此同一条物理路径在不同方向的权重可以是不同的。

3. 路由表

拥有带权有向图的路由器只需要以自己为根，各自通过SPF(最短路径)算法进行运算，就可以获得去往各个网络的最优路由。通过LSDB计算自己的SPF树，并向路由表中添加OSPF路由条目。

需要说明的是，无论是直连路由、静态路由还是动态路由，最终都要被路由器添加到路由表中才能用来转发数据包，这也代表路由器会把通过各种方式获取的路由条目保存在同一张路由表中，如果路由器通过不同方式学习到去往同一个网络的路由，就会比较这两种方式的路由优先级。华为路由设备给OSPF路由设定的默认路由优先级是10。

7.2.3 OSPF身份

DR(Designated Router)：指定路由器，是由OSPF协议启动后开始选举而来。

BDR(Back-up Designated Router)：备份指定路由器，同样是由OSPF启动后选举而来。

DRothers：其他路由器，非DR和非BDR的路由器都是DRothers。

ABR(Area Border Routers)：区域边界路由器，连接不同的OSPF区域。

ASBR(Autonomous System Boundary Router)：自治系统边界路由器，位于OSPF和非

OSPF网络之间。

骨干路由器：至少有一个接口连接到骨干区域(区域0)。

7.2.4　OSPF邻居建立

1. 邻居的两个状态

Neighbors：邻居

Adjacency：邻接

邻居不一定是邻接，邻接一定是邻居，只有交互了LSA的OSPF邻居才成为OSPF的邻接。在点对点网络中，所有邻居都能成为邻接。

在MA(广播多路访问网络，比如以太网)网络类型中，DR、BDR、DRothers三者关系为：DR、BDR与所有的邻居形成邻接，DRothers之间只是邻居而不交换LSA。

2. 影响OSPF邻居建立的原因

(1) Hello与Dead Time时间不一致(如改Hello，Dead自动*4；如改Dead，Hello不变)。

(2) 区域ID必须一致。

(3) 认证(Password一致)。

(4) Stub标识一致(与特殊区域有关)。

(5) MTU-携带在DBD报文中，两端口必须一致。

(6) 掩码，如12.1.1.1/30——12.1.1.2/24，这种情况是可以ping通的，但邻居关系无法建立。

(7) ACL(是否放行OSPF)。

7.2.5　路由器ID号

一台路由器如果要运行OSPF协议，则必须存在RID(Router ID，路由器ID)。RID是一个32比特无符号整数，可以在一个自治系统中只标识一台路由器。

RID可以手工配置，也可以自动生成。如果没有通过命令指定RID，将按照如下顺序自动生成一个RID。

(1) 如果当前设备配置了Loopback接口，将选取所有Loopback接口上数值最大的IP地址作为RID。

(2) 如果当前设备没有配置Loopback接口，将选取它所有已经配置IP地址且链路有效的接口上数值最大的IP地址作为RID。

7.2.6 OSPF的协议报文

OSPF有以下5种类型的协议报文。

1. Hello报文

Hello报文周期性发送，用来发现和维持OSPF邻居关系，内容包括一些定时器的数值、DR(Designated Router，指定路由器)、BDR(Backup Designated Router，备份指定路由器)以及自己已知的邻居。

2. DD报文

DD(Database Description，数据库描述)报文描述了本地LSDB中每一条LSA的摘要信息，用于两台路由器进行数据库同步。

3. LSR报文

LSR(Link State Request，链路状态请求)报文向对方请求所需的LSA。两台路由器互相交换DD报文之后，即可得知对端的路由器有哪些LSA是本地的LSDB所缺少的，这时需要发送LSR报文向对方请求所需的LSA，内容包括所需要的LSA的摘要。

4. LSU报文

LSU(Link State Update，链路状态更新)报文向对方发送其所需要的LSA。

5. LSAck报文

LSAck(Link State Acknowledgment，链路状态确认)报文用来对收到的LSA进行确认，内容是需要确认的LSA的Header，一个报文可对多个LSA进行确认。

7.2.7 OSPF的状态

(1) Down State。
(2) Init State：发送了Hello包(还没收到)。
(3) Two-way State：收到了一个Hello包且Hello包中包括自己的RouterID(对方回复的)。
(4) Exstart State：First DBD确认主从关系，RouterID大的为主，先发包。
(5) Exchange State：交互DBD相互学习。
(6) Loading State：LSR与LSU的交互过程。

(7) Full State：所有交互已经完成。

7.2.8 DR和BDR

1. DR和BDR简介

在广播网和NBMA网络(非广播、多点可达的网络，比较典型的有ATM和帧中继网络)中，任意两台路由器之间都要交换路由信息。如果网络中有n台路由器，则需要建立$n(n-1)/2$个邻接关系。这使得任何一台路由器的路由变化都会导致多次传递，浪费了带宽资源。为解决这一问题，OSPF协议定义了指定路由器(Designated Router，DR)，所有路由器都只将信息发送给DR，由DR将网络链路状态发送出去。

如果DR由于某种故障而失效，则网络中的路由器必须重新选举DR，再与新的DR同步。这需要较长的时间，在这段时间内，路由的计算是不正确的。为了能够缩短这个过程，OSPF提出了BDR(Backup Designated Router，备份指定路由器)的概念。

BDR实际上是对DR的一个备份，在选举DR的同时也选举出BDR，BDR也和本网段内的所有路由器建立邻接关系并交换路由信息。当DR失效后，BDR会立即成为DR。由于不需要重新选举，并且邻接关系事先已建立，所以这个过程是非常短暂的。当然这时还需要再重新选举出一个新的BDR，虽然同样需要较长的时间，但并不会影响路由的计算。

DR和BDR之外的路由器(称为DRother)之间将不再建立邻接关系，也不再交换任何路由信息。这样就减少了广播网和NBMA网络上各路由器之间邻接关系的数量。

如图7-3所示，用实线代表以太网物理连接，虚线代表建立的邻接关系。可以看到，采用DR/BDR机制后，5台路由器之间只需要建立7个邻接关系就可以了。

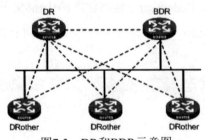

图7-3 DR和BDR示意图

2. DR、BDR的选举

(1) DR、BDR的选举规则

比较RouterID，RouterID有以下几种获得方式。

① 由工程师指定。

② 这台设备最大的环回口IP地址即为Router-id。

③ 如果没有环回口，物理接口IP地址最大的即为Router-id。

(2) DR、BDR的选举规则。

① 最高优先级值的路由器被选为DR(默认优先级相同：1)，次高优先级的为BDR。

② 若优先级相同，则比较RouterID，拥有最高RouterID的称为DR，次高的称为BDR。

③ 优先级被设置为0的不参与选举。

④ OSPF系统启动后，若40s内没有新设备接入就会开始选举，所以为保证DR与BDR的选举不发生意外，建议优先配置想成为DR与BDR的设备。

⑤ DR与BDR不可以抢占。

⑥ 当DR失效之后，BDR直升DR，重新选BDR。

⑦ 所有DR、BDR、DRothers说的都是接口，而不是设备。

⑧ 不同网段间选DR、BDR，而不是以OSPF区域为单位。

7.3 项目实现

单区域OSPF的配置思路，就是将路由器各个接口的地址配置成功后，在路由器上宣告OSPF要配置的网段。本项目的配置过程如下所述。

7.3.1 配置端口IP地址

使用图7-1的拓扑，实现基本配置及IP编址。

1. 配置R1路由器各个接口的地址

(1) 配置E0/0/0的地址。

[R1]interface Ethernet 0/0/0

[R1-Ethernet0/0/0]ip address 192.168.1.1 24

[R1-Ethernet0/0/0]quit

(2) 配置G0/0/0的地址。

[R1]interface GigabitEthernet 0/0/0

[R1-GigabitEthernet0/0/0]ip address 192.168.11.1 24

[R1-GigabitEthernet0/0/0]quit

(3) 配置G0/0/2的地址。

[R1]interface GigabitEthernet 0/0/2

[R1-GigabitEthernet0/0/2]ip address 192.168.13.2 24

[R1-GigabitEthernet0/0/2]quit

(4) 配置LoopBack0的地址。

[R1]interface LoopBack 0

[R1-LoopBack0]ip address 10.0.1.1 24

[R1-LoopBack0]quit

2. 配置R2路由器各个接口的地址

(1) 配置E0/0/0的地址。

[R2]interface Ethernet 0/0/0

[R2-Ethernet0/0/0]ip address 192.168.2.1 24

[R2-Ethernet0/0/0]quit

(2) 配置G0/0/0的地址。

[R2]interface GigabitEthernet 0/0/0

[R2-GigabitEthernet0/0/0]ip address 192.168.11.2 24

[R2-GigabitEthernet0/0/0]quit

(3) 配置G0/0/1的地址。

[R2]interface GigabitEthernet 0/0/1

[R2-GigabitEthernet0/0/1]ip address 192.168.12.1 24

[R2-GigabitEthernet0/0/1]quit

(4) 配置LoopBack0的地址。

[R2]interface LoopBack 0

[R2-LoopBack0]ip address 10.0.2.2 24

3. 配置R3路由器各个接口的地址

(1) 配置E0/0/0的地址。

[R3]interface Ethernet 0/0/0

[R3-Ethernet0/0/0]ip address 192.168.3.1 24

[R3-Ethernet0/0/0]quit

(2) 配置G0/0/0的地址。

[R3]interface GigabitEthernet 0/0/0

[R3-GigabitEthernet0/0/1]ip address 172.18.204.11 22

[R3-GigabitEthernet0/0/1]quit

(3) 配置G0/0/1的地址。

[R3]interface GigabitEthernet 0/0/1

[R3-GigabitEthernet0/0/1]ip address 192.168.12.2 24

[R3-GigabitEthernet0/0/1]quit

(4) 配置G0/0/2的地址。

[R3]interface GigabitEthernet 0/0/2

[R3-GigabitEthernet0/0/2]ip address 192.168.13.1 24

[R3-GigabitEthernet0/0/2]quit

(5) 配置LoopBack0的地址。

[R3]interface LoopBack 0

[R3-LoopBack0]ip address 10.0.3.3 24

4. 配置R4路由器各个接口的地址

(1) 配置G0/0/0的地址。

[R4]interface GigabitEthernet 0/0/0

[R4-GigabitEthernet0/0/0]ip address 172.18.204.12 22

[R4-GigabitEthernet0/0/0]quit

(2) 配置LoopBack0的地址。

[R4]interface LoopBack 0

[R4-LoopBack0]ip address 10.0.4.4 24

7.3.2 配置OSPF

1. 在R1上配置OSPF

将R1的Router ID配置为10.0.1.1(逻辑接口Loopback 0的地址)，开启OSPF进程1(默认进程)，并将网段192.168.1.0/24、192.168.11.0/24和192.168.13.0/24发布到OSPF区域0。

[R1]ospf 1 router-id 10.0.1.1

[R1-ospf-1]area 0

[R1-ospf-1-area-0.0.0.0]network 10.0.1.0 0.0.0.255

[R1-ospf-1-area-0.0.0.0]network 192.168.1.0 0.0.0.255

[R1-ospf-1-area-0.0.0.0]network 192.168.11.0 0.0.0.255

[R1-ospf-1-area-0.0.0.0]network 192.168.13.0 0.0.0.255

同一个路由器可以开启多个OSPF进程，默认进程号为1。由于进程号只具有本地意义，所以同一路由域的不同路由器可以使用相同或不同的OSPF进程号。另外，Network命令后面需使用反掩码。

2. 在R2上配置OSPF

将R2的Router ID配置为10.0.2.2，开启OSPF进程1，并将网段192.168.2.0/24、192.168.11.0/24和192.168.12.0/24发布到OSPF区域0。

[R2]ospf 1 router-id 10.0.2.2

[R2-ospf-1]area 0

[R2-ospf-1-area-0.0.0.0]network 10.0.2.0 0.0.0.255

[R2-ospf-1-area-0.0.0.0]network 192.168.2.0 0.0.0.255

[R2-ospf-1-area-0.0.0.0]network 192.168.11.0 0.0.0.255

[R2-ospf-1-area-0.0.0.0]network 192.168.12.0 0.0.0.255

```
Sep  2 2019 16:25:01-08:00 R2 %%01OSPF/4/NBR_CHANGE_E(l)
[10]:Neighbor changes event: neighbor status changed.
(ProcessId=1, NeighborAddress=192.168.12.2,     Neigh
borEvent=LoadingDone,NeighborPreviousState=Loading,
NeighborCurrentState=Full)
```

在宣告网络后路由器给出的响应信息中，通过其中的"Neighbor Current State"可以看到OSPF的工作状态。当信息中包含"Neighbor Current State=Full"时，表明邻接关系已经建立。

3. 在R3上配置OSPF

将R3的Router ID配置为10.0.3.3，开启OSPF进程1，并将网段192.168.3.0/24、192.168.12.0/24、192.168.13.0/24 和172.18.204.0/24发布到OSPF区域0。

[R3]ospf 1 router-id 10.0.3.3

[R3-ospf-1]area 0

[R3-ospf-1-area-0.0.0.0]network 10.0.3.0 0.0.0.255

[R3-ospf-1-area-0.0.0.0]network 192.168.3.0 0.0.0.255

[R3-ospf-1-area-0.0.0.0]network 192.168.13.0 0.0.0.255

[R3-ospf-1-area-0.0.0.0]network 192.168.12.0 0.0.0.255

```
Sep 2 2019 16:25:01-08:00 R3 %%01OSPF/4/NBR_CHANGE_
E(l)[6]:Neighbor changes event: neighbor status
changed.(ProcessId=1, NeighborAddress=192.168.12.1,
NeighborEvent=HelloReceived,NeighborPreviousState=Down, Neighb
orCurrentState=Init)
Sep 2 2019 16:25:01-08:00 R3 %%01OSPF/4/NBR_CHANGE_
E(l)[7]:Neighbor changes event: neighbor status
changed.(ProcessId=1, NeighborAddress=192.168.12.1,
NeighborEvent=2WayReceived, NeighborPreviousState=Init,
NeighborCurrentState=2Way)
Sep 2 2019 16:25:01-08:00 R3 %%01OSPF/4/NBR_CHANGE_
E(l)[8]:Neighbor changes event: neighbor status
changed.(ProcessId=1, NeighborAddress=192.168.12.1,
NeighborEvent=AdjOk?, NeighborPreviousState=2Way, Neighb
orCurrentState=ExStart)
Sep 2 2019 16:25:01-08:00 R3 %%01OSPF/4/NBR_CHANGE_
E(l)[9]:Neighbor changes event: neighbor status
changed.(ProcessId=1, NeighborAddress=192.168.12.1,
NeighborEvent=NegotiationDone,NeighborPreviousState=ExStart,Ne
ighborCurrentState=Exchan ge)network 192.168.12.0 0.0.0.255
Sep 2 2019 16:25:01-08:00 R3 %%01OSPF/4/NBR_CHANGE_
E(l)[10]:Neighbor changes event: neighbor status
changed.(ProcessId=1, NeighborAddress=192.168.12.1,
NeighborEvent=ExchangeDone,NeighborPreviousState=Exchange,Neig
hborCurrentState=Loading)
Sep 2 2019 16:25:01-08:00 R3 %%01OSPF/4/NBR_CHANGE_
E(l)[11]:Neighbor changes event: neighbor status
changed.(ProcessId=1, NeighborAddress=192.168.12.1,
NeighborEvent=LoadingDone,NeighborPreviousState=Loading, Neighb
orCurrentState=Full)
```

[R3-ospf-1-area-0.0.0.0]network 172.18.204.0 0.0.0.255

4. 在R4上配置OSPF

将R4的Router ID配置为10.0.4.4，开启OSPF进程1，并将网段172.18.204.0/22发布到OSPF区域0。

[R4]ospf 1 router-id 10.0.4.4

[R4-ospf-1]area 0

[R4-ospf-1-area-0.0.0.0]network 10.0.4.0 0.0.0.255

[R4-ospf-1-area-0.0.0.0]network 172.18.204.0 0.0.3.255

7.3.3 验证配置OSPF

待OSPF收敛完成后，查看R1、R2、R3和R4上的路由表。

路由表的Proto字段，显示路由协议类型为OSPF的，就是刚才配置成功后建立的路由条目。

1. R1的路由表

\<R1\>display ip routing-table

```
Route Flags: R - relay, D - download to fib
------------------------------------------------------------
----------------
Routing Tables: Public
         Destinations : 15       Routes : 16
Destination/Mask      Proto   Pre   Cost      Flags  NextHop        Interface
   10.0.1.0/24   Direct   0     0      D   10.0.1.1       LoopBack0
   10.0.1.1/32   Direct   0     0      D   127.0.0.1      LoopBack0
   10.0.2.2/32   OSPF 10  1  D  192.168.11.2   GigabitEthernet0/0/0
   10.0.3.3/32   OSPF 10  1  D  192.168.13.1   GigabitEthernet0/0/2
   127.0.0.0/8   Direct   0     0      D   127.0.0.1      InLoopBack0
   127.0.0.1/32  Direct   0     0      D   127.0.0.1      InLoopBack0
   192.168.1.0/24   Direct  0   0   D   192.168.1.1    Ethernet0/0/0
   192.168.1.1/32   Direct  0   0   D   127.0.0.1      Ethernet0/0/0
   192.168.2.0/24 OSPF 10  2   D   192.168.11.2   GigabitEthernet0/0/0
```

```
    192.168.3.0/24    OSPF   10   2   D 192.168.13.1    GigabitEthernet0/0/2
    192.168.11.0/24 Direct   0    0   D 192.168.11.1    GigabitEthernet0/0/0
    192.168.11.1/32 Direct   0    0   D 127.0.0.1       GigabitEthernet0/0/0
    192.168.12.0/24 OSPF    10    2   D 192.168.11.2    GigabitEthernet0/0/0
                    OSPF    10    2   D 192.168.13.1    GigabitEthernet0/0/2
    192.168.13.0/24 Direct   0    0   D 192.168.13.2    GigabitEthernet0/0/2
    192.168.13.2/32 Direct   0    0   D 127.0.0.1       GigabitEthernet0/0/2
```

2. R2的路由表

<R2>display ip routing-table

```
Route Flags: R - relay, D - download to fib
------------------------------------------------------------
Routing Tables: Public
        Destinations : 15    Routes : 16
Destination/Mask      Proto   Pre   Cost       Flags  NextHop       Interface

    10.0.1.1/32       OSPF    10    1          D      192.168.11.1  GigabitEthernet0/0/0
    10.0.2.0/24       Direct  0     0          D      10.0.2.2      LoopBack0
    10.0.2.2/32       Direct  0     0          D      127.0.0.1     LoopBack0
    10.0.3.3/32       OSPF    10    1          D      192.168.12.2  GigabitEthernet0/0/1
    127.0.0.0/8       Direct  0     0          D      127.0.0.1     InLoopBack0
    127.0.0.1/32      Direct  0     0          D      127.0.0.1     InLoopBack0
    192.168.1.0/24    OSPF    10    2          D      192.168.11.1  GigabitEthernet0/0/0
    192.168.2.0/24    Direct  0     0          D      192.168.2.1   Ethernet0/0/0
    192.168.2.1/32    Direct  0     0          D      127.0.0.1     Ethernet0/0/0
    192.168.3.0/24    OSPF    10    2          D      192.168.12.2  GigabitEthernet0/0/1
    192.168.11.0/24   Direct  0     0          D      192.168.11.2  GigabitEthernet0/0/0
    192.168.11.2/32   Direct  0     0          D      127.0.0.1     GigabitEthernet0/0/0
    192.168.12.0/24   Direct  0     0          D      192.168.12.1  GigabitEthernet0/0/1
```

```
192.168.12.1/32  Direct  0   0   D   127.0.0.1       GigabitEthernet0/0/1
192.168.13.0/24  OSPF    10  2   D   192.168.11.1    GigabitEthernet0/0/0
                 OSPF    10  2   D   192.168.12.2    GigabitEthernet0/0/1
```

3. R3的路由表

<R3>display ip routing-table

```
Route Flags: R - relay, D - download to fib
-------------------------------------------------------------------

Routing Tables: Public
         Destinations : 17       Routes : 18
Destination/Mask    Proto   Pre  Cost   Flags NextHop         Interface
    10.0.1.1/32     OSPF    10   1      D     192.168.13.2    GigabitEthernet0/0/2
    10.0.2.2/32     OSPF    10   1      D     192.168.12.1    GigabitEthernet0/0/1
    10.0.3.0/24     Direct  0    0      D     10.0.3.3        LoopBack0
    10.0.3.3/32     Direct  0    0      D     127.0.0.1       LoopBack0
    127.0.0.0/8     Direct  0    0      D     127.0.0.1       InLoopBack0
    127.0.0.1/32    Direct  0    0      D     127.0.0.1       InLoopBack0
  172.18.204.0/22   Direct  0    0      D     172.18.204.11   GigabitEthernet0/0/0
 172.18.204.11/32   Direct  0    0      D     127.0.0.1       GigabitEthernet0/0/0
  192.168.1.0/24    OSPF    10   2      D     192.168.13.2    GigabitEthernet0/0/2
  192.168.2.0/24    OSPF    10   2      D     192.168.12.1    GigabitEthernet0/0/1
  192.168.3.0/24    Direct  0    0      D     192.168.3.1     Ethernet0/0/0
  192.168.3.1/32    Direct  0    0      D     127.0.0.1       Ethernet0/0/0
 192.168.11.0/24    OSPF    10   2      D     192.168.13.2    GigabitEthernet0/0/2
                    OSPF    10   2      D     192.168.12.1    GigabitEthernet0/0/1
 192.168.12.0/24    Direct  0    0      D     192.168.12.2    GigabitEthernet0/0/1
 192.168.12.2/32    Direct  0    0      D     127.0.0.1       GigabitEthernet0/0/1
 192.168.13.0/24    Direct  0    0      D     192.168.13.1    GigabitEthernet0/0/2
 192.168.13.1/32    Direct  0    0      D     127.0.0.1       GigabitEthernet0/0/2
```

4. R4的路由表

<R4>display ip routing-table

```
Route Flags: R - relay, D - download to fib
-------------------------------------------------------------------
Routing Tables: Public
        Destinations : 6       Routes : 6
Destination/Mask    Proto   Pre  Cost  Flags NextHop        Interface
  10.0.4.0/24       Direct   0    0     D    10.0.4.4       LoopBack0
  10.0.4.4/32       Direct   0    0     D    127.0.0.1      LoopBack0
  127.0.0.0/8       Direct   0    0     D    127.0.0.1      InLoopBack0
  127.0.0.1/32      Direct   0    0     D    127.0.0.1      InLoopBack0
  172.18.204.0/22   Direct   0    0     D    172.18.204.12  GigabitEthernet0/0/0
  172.18.204.12/32  Direct   0    0     D    127.0.0.1      GigabitEthernet0/0/0
```

7.3.4 检测连通性

如图7-4所示，PC1可以与R4的G0/0/0通信；如图7-5所示，PC1可以与PC2通信；如图7-6所示，PC1可以与PC3通信；如图7-7所示，PC2可以与PC3通信。这说明OSPF协议已经正常运行，做到了全网互通。

图7-4　PC1与R4的G0/0/0接口通信正常

104 网络与通信技术案例分析及应用

```
PC1
基础配置    命令行    组播    UDP发包工具    串口
PC>ping 192.168.2.100

Ping 192.168.2.100: 32 data bytes, Press Ctrl_C to break
From 192.168.2.100: bytes=32 seq=1 ttl=126 time=109 ms
From 192.168.2.100: bytes=32 seq=2 ttl=126 time=78 ms
From 192.168.2.100: bytes=32 seq=3 ttl=126 time=62 ms
From 192.168.2.100: bytes=32 seq=4 ttl=126 time=78 ms
From 192.168.2.100: bytes=32 seq=5 ttl=126 time=78 ms

--- 192.168.2.100 ping statistics ---
  5 packet(s) transmitted
  5 packet(s) received
  0.00% packet loss
  round-trip min/avg/max = 62/81/109 ms
```

图7-5　PC1与PC2通信正常

```
PC1
基础配置    命令行    组播    UDP发包工具    串口
PC>ping 192.168.3.100

Ping 192.168.3.100: 32 data bytes, Press Ctrl_C to break
From 192.168.3.100: bytes=32 seq=1 ttl=126 time=109 ms
From 192.168.3.100: bytes=32 seq=2 ttl=126 time=110 ms
From 192.168.3.100: bytes=32 seq=3 ttl=126 time=109 ms
From 192.168.3.100: bytes=32 seq=4 ttl=126 time=78 ms
From 192.168.3.100: bytes=32 seq=5 ttl=126 time=78 ms

--- 192.168.3.100 ping statistics ---
  5 packet(s) transmitted
  5 packet(s) received
  0.00% packet loss
  round-trip min/avg/max = 78/96/110 ms
```

图7-6　PC1与PC3通信正常

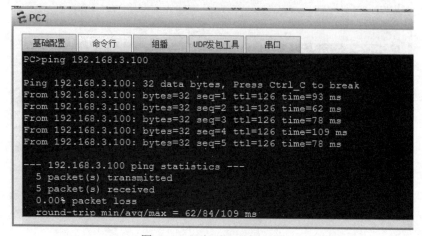

图7-7　PC2与PC3通信正常

7.3.5 查看OSPF邻居状态

在路由器上，可以检查OSPF协议的运行情况和各个邻居路由器的状态，下面以R1为例向读者演示。

1. 查看完整的邻居信息

display ospf peer命令显示所有OSPF邻居的详细信息。在192.168.13.0网段上，R1是DR。由于DR选举是非抢占模式，如果OSPF进程不重启，R3将不会取代R1的DR角色。

```
<R1>display ospf peer

     OSPF Process 1 with Router ID 10.0.1.1
        Neighbors
 Area 0.0.0.0 interface 192.168.11.1(GigabitEthernet0/0/0)'s
neighbors
 Router ID: 10.0.2.2          Address: 192.168.11.2
   State: Full   Mode:Nbr is  Master   Priority: 1
   DR: 192.168.11.1  BDR: 192.168.11.2  MTU: 0
   Dead timer due in 40  sec
   Retrans timer interval: 5
   Neighbor is up for 06:33:09
   Authentication Sequence: [ 0 ]
        Neighbors
 Area 0.0.0.0 interface 192.168.13.2(GigabitEthernet0/0/2)'s
neighbors
 Router ID: 10.0.3.3          Address: 192.168.13.1
   State: Full   Mode:Nbr is  Master   Priority: 1
   DR: 192.168.13.2  BDR: 192.168.13.1  MTU: 0
   Dead timer due in 36  sec
   Retrans timer interval: 5
   Neighbor is up for 06:28:02
   Authentication Sequence: [ 0 ]
```

2. 查看邻居信息简表

执行display ospf peer brief命令，可以查看简要的OSPF邻居信息。

<R1>display ospf peer brief

```
    OSPF Process 1 with Router ID 10.0.1.1
        Peer Statistic Information
 ---------------------------------------------------------------
 Area Id         Interface                              Neighbor id
 State
 0.0.0.0         GigabitEthernet0/0/0        10.0.2.2        Full
 0.0.0.0         GigabitEthernet0/0/2        10.0.3.3        Full
 ---------------------------------------------------------------
```

本章小结

本章首先介绍了OSPF的原理和基本配置方法，包括OSPF的基本概念、三张表、报文格式、报文类型、路由器ID以及DR和BDR的概念。之后通过一个简单的案例介绍了单区域OSPF的基本配置方法，包括如何通过各种display命令来查看与OSPF相关的重要信息等。

第 8 章 DHCP技术

DHCP(Dynamic Host Configuration Protocol，动态主机设置协议)是一个局域网的网络协议，DHCP协议工作在应用层，协议的数据在传输层通过UDP协议传输。DHCP主要有两个用途：一个是用于网络自动分配IP地址；一个是用于内部网络管理员对所有计算机实施中央管理。

8.1 项目任务

1. 应用场景

如果网络内只有几台或者十几台终端，管理员可以通过分配固定IP地址的方式管理地址，但是当终端数量不断增加或者IP地址冲突不断发生时，固定分配IP的管理方式就不再适用。

实验楼内有很多个实验室，每个实验室内的终端数量和类型都不尽相同。在这种情况下，应采用终端自动获取IP地址的方式来获取IP地址，这样也方便管理员管理网络。

本实验项目有3个实验室，每个实验室内有若干台终端，网络内有2台路由器可以用来运行DHCP服务。实验室内的终端都被配置成从DHCP获取IP地址的工作方式，在获取IP地址后访问网络资源。

区域1有两个使用不同IP地址段的实验室共用1台路由器作为DHCP服务器，区域内的终端均为PC，能获取IP地址并访问校园网即可。

区域2为一个实验室，使用1台路由器作为DHCP服务器，区域内有1台FTP服务器需要固定IP地址，需要预留5个IP地址给网络打印机，其他终端的IP地址动态分配。

2. 项目实现目标

(1) 完成PC的地址获取方式配置。
(2) 在路由器上配置DHCP服务。
(3) 检查PC获取IP地址的情况。

3. 实验环境拓扑

如图8-1所示，3个实验室被分为两个区域。路由器R1和R2分别启动了DHCP服务，R1上运行基于接口地址池配置的DHCP服务器，R2上运行基于全局地址池配置的DHCP服务器。路由器各接口地址配置见表8-1。

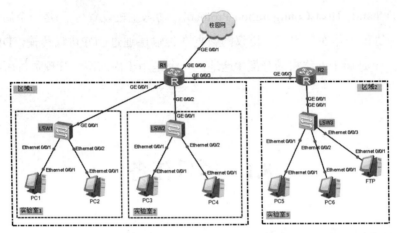

图8-1　DHCP实验环境拓扑

表8-1　路由器各接口地址配置

设备类型	设备名	接口	地址
路由器	R1	G0/0/0	172.18.206.87/22
		G0/0/1	192.168.1.1/24
		G0/0/2	192.168.2.1/24
		G0/0/3	192.168.100.1/24
	R2	G0/0/1	192.168.3.1/24
		G0/0/3	192.168.100.2/24

8.2　DHCP技术原理

8.2.1　认识DHCP业务

1. DHCP的主要功能

从应用的角度来看，DHCP的应用场景主要在需要自动分配IP地址的网络环境中，使得网络内的主机可以自动获取IP地址、网关地址、DNS地址等一系列访问网络所需的参数。

DHCP是一个C/S(Client/Server，客户端/服务器)模型，一台主机接入网络后，会发出地址请求，DHCP服务器收到请求后，根据服务器的配置要求，向客户端主机发出地址信息的动态配置。

DHCP工作时,不会将重复的IP地址发送给客户端,以确保网络内没有IP地址冲突。如果网络内有客户端手动配置自己的IP地址,DHCP服务器也允许这种地址存在。

2. DHCP报文

DHCP协议有8种报文,表8-2列出了这8种报文的类型和报文功能说明。

表8-2 DHCP报文

类型	发送方式	功能说明
DHCP Discover	广播	客户端在本地网络内广播寻找网络中的DHCP服务器
DHCP Offer	广播 单播	服务器收到Discover报文后,在地址池中查找一个合适的IP地址,加上其他配置信息发送给客户端
DHCP Request	广播 单播	客户端可能会收到很多Offer报文(多个DHCP服务器),通常是向第一个Offer报文的服务器发送一个广播的Request报文,通告希望获得所分配的IP地址。客户端向服务器发送单播Request请求报文,请求续延租约
DHCP ACK	广播 单播	服务器收到Request报文后,根据报文中携带的用户MAC来查找有没有相应的租约记录。如果有则发送ACK报文,通知用户可以使用分配的IP地址
DHCP NAK	广播 单播	服务器收到Request报文后,没有发现有相应的租约记录或者由于某些原因无法正常分配IP地址,则向客户端发送NAK报文,通知用户无法分配合适的IP地址
DHCP Release	单播	当客户端不再需要使用分配IP地址时,向服务器发送Release报文,告知服务器释放对应的IP地址
DHCP Decline	单播	客户端收到服务器ACK报文后,发现分配的地址冲突或者由于其他原因导致不能使用,则会向服务器发送Decline报文,通知服务器所分配的IP地址不可用,以期获得新的IP地址
DHCP Inform	单播	客户端如果需要从服务器端获取更为详细的配置信息,则发送该请求报文

8.2.2 客户端请求IP地址的工作原理

DHCP工作时,C/S双方通过报文来传递信息。本节以新加入网络的客户端为例,介绍客户端从DHCP获取IP地址的流程,图8-2给出了DHCP正常工作的流程。

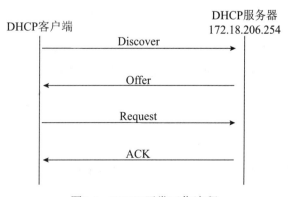

图8-2 DHCP正常工作流程

1. Discover

对客户端来说，刚加入网络时，DHCP服务器地址是未知的，所以此报文会广播发出，网络内所有主机都会收到此报文，但是只有DHCP服务器才会响应。该报文的源IP地址为0.0.0.0，目的IP地址为255.255.255.255。

2. Offer

在网络中接收到DHCP Discover发现信息的DHCP服务器都会做出响应，它从尚未出租的IP地址中挑选一个分配给DHCP客户机，向DHCP客户机发送一个包含出租的IP地址和其他设置的DHCP Offer信息。该报文的源IP地址为DHCP服务器地址，目的IP地址为255.255.255.255。

3. Request

如果有多台服务器向客户端发来的DHCP Offer提供信息，客户端只接受第一个收到的DHCP Offer提供信息，然后以广播方式回答一个DHCP Request请求信息并通知所有DHCP服务器，该信息中包含向它所选定的DHCP服务器请求IP地址的内容。该报文的源IP地址为0.0.0.0，目的IP地址为255.255.255.255，报文信息中确定选择服务器的IP地址。

4. ACK

服务器收到客户端回答的Request报文后，向客户端发送一个包含它所提供的IP地址和其他设置的ACK报文确认信息，通知客户端可以使用它所提供的IP地址。客户端收到ACK报文后，便将收到的地址与网卡绑定。该报文的源IP地址为DHCP服务器的地址，目的IP地址为分配的IP地址。

8.2.3 其他DHCP请求的实现

1. 续租IP地址

当客户端的IP地址使用时间超过租期的一半时，客户端会启用续租申请，向DHCP服务器发送一个单播Request报文，报文表明是续租申请。DHCP服务器收到请求报文后，如果同意，就会向客户端发送一个单播ACK报文，同意续租。

2. 释放IP地址

如果客户端要释放已经申请的IP地址，会向DHCP服务器发送Release报文，通知服务器释放已经被分配的IP地址。服务器收到请求后，将此IP收回到地址池，并向客户端发送单播ACK报文。

3. DHCP的服务异常处理

当DHCP服务器无法处理客户端发出的报文，或者拒绝客户端发出的请求时，会向客户端发出NAK报文，通知客户端本次操作失败，客户端需要在检查配置后重新提出DHCP服务器申请。

8.3 项目实现

8.3.1 基于接口地址池的DHCP服务器配置

从表8-1的接口地址配置可以看到，实验室1和实验室2的网关接口地址并不在一个网段，在配置DHCP服务时，这两个接口的地址池不能是同一个地址池。

在这种情况下，需要采用基于接口地址池配置的DHCP服务。

1. 在路由器上启用DHCP服务

[R1]dhcp enable

```
Info: The operation may take a few seconds. Please wait for a moment.done.
```

2. 在R1接口G0/0/1上配置DHCP

按地址表配置接口的IP地址，并在此接口上使用基于接口的地址池。

[R1]interface GigabitEthernet0/0/1

[R1-GigabitEthernet0/0/1]ip address 192.168.1.1 24

[R1-GigabitEthernet0/0/1]dhcp select interface

[R1-GigabitEthernet0/0/1]quit

3. 在R1接口G0/0/2上配置DHCP

操作方式与上一个配置相同。

[R1]interface GigabitEthernet0/0/2
[R1-GigabitEthernet0/0/2]ip address 192.168.2.1 24
[R1-GigabitEthernet0/0/2]dhcp select interface
[R1-GigabitEthernet0/0/2]quit

4. 检查PC2的IP地址状态

如图8-3所示,在PC1命令行状态下,用ipconfig命令检查地址状态时可以看到,当前的IP地址为0.0.0.0,并未获取IP地址。

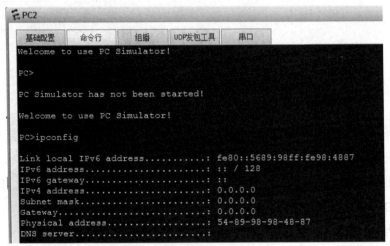

图8-3 PC2尚未获取IP地址

原因是PC2的地址配置方式为静态配置方式,需要将地址配置方式修改为DHCP方式。如图8-4所示,在修改IP地址配置方式后,单击右下角的"应用"按钮,使配置生效。

图8-4 修改IP地址配置方式

在修改了PC2的IP地址配置方式并应用后,PC2会向DHCP服务器请求并获取IP地址,获取IP地址后,可以用ipconfig命令检查IP地址状态,如图8-5所示。

图8-5　获取IP地址后的状态

5. 抓包检查PC2与DHCP服务器的报文

图8-6中的4条DHCP报文,就是PC2开机后查询DHCP并申请IP地址的过程,报文流程符合图8-2的描述。

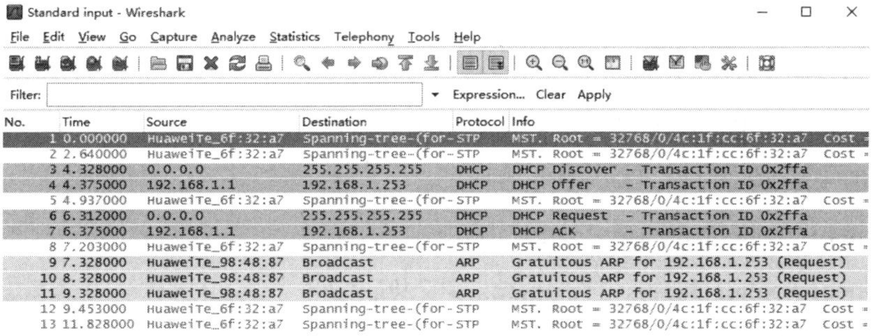

图8-6　客户端获取IP地址的DHCP报文

需要说明的是,由于R1上运行的是基于接口地址池的DHCP服务器,并且在这个实验拓扑中只有一个DHCP服务器,所以当服务器响应Offer报文时,会发单播报文。

如果采用基于全局地址池的DHCP服务器,Offer报文会以广播形式发出。

读者可以用同样的方法,来检查区域1内其他PC的IP地址获取情况,这里不再赘述。

8.3.2　基于全局地址池的DHCP服务器配置

从本章8.1节介绍的应用场景可知,R2是区域2内实验室的网关路由器,内部地址为192.168.3.0/24这个网段。接口G0/0/1为网关接口,地址为192.168.3.1;接口G0/0/3接入路由器R1,通过R1访问校园网。

在这个区域内的设备情况相对而言有些复杂，区域内终端数量较多，大部分需要用DHCP的方式获取IP地址。本实验将动态分配的IP地址租期设定为15天，区域内有一台MAC地址为54-89-98-92-13-7B的FTP服务器需要固定一个IP地址，本实验中固定为192.168.3.100。另外，需要预留5个IP地址给网络打印机，本实验预留192.168.3.101～192.168.3.105。

1. 在路由器上启用DHCP服务

[R2]dhcp enable

```
Info: The operation may take a few seconds. Please wait for a moment.done.
```

2. 建立IP地址池，设定地址池的相关信息

(1) 建立地址池。

[R2]ip pool PoolR2

```
Info:It's successful to create an IP address pool.
```

(2) 设定地址池工作的网段。

[R2-ip-pool-PoolR2]network 192.168.3.0 mask 255.255.255.0

(3) 设定网关地址和两个DNS服务器地址。

[R2-ip-pool-PoolR2]gateway-list 192.168.3.1

[R2-ip-pool-PoolR2]dns-list 172.16.32.2 202.96.64.68

(4) 绑定指定MAC地址的FTP服务器。

[R2-ip-pool-PoolR2]static-bind ip-address 192.168.3.100 mac-address 5489-9892-137B

(5) 排除预留的IP地址。

[R2-ip-pool-PoolR2]excluded-ip-address 192.168.3.101 192.168.3.105

(6) 设定IP地址租期为15天。

[R2-ip-pool-PoolR2]lease day 15

[R2-ip-pool-PoolR2]quit

3. 启动基于全局地址池的DHCP服务

在作为网关的接口G0/0/1上配置网关地址并启动基于全局地址池的DHCP服务。

[R2]interface GigabitEthernet0/0/1

[R2-GigabitEthernet0/0/1]ip address 192.168.3.1 24

[R2-GigabitEthernet0/0/1]dhcp select global
[R2-GigabitEthernet0/0/1]quit

4. 检查IP地址池信息

[R2]display ip pool name PoolR2

```
  Pool-name         : PoolR2
  Pool-No           : 0
  Lease             : 15 Days 0 Hours 0 Minutes
  Domain-name       : -
  DNS-server1       : 202.96.64.68
  DNS-server0       : 172.16.32.2
  NBNS-server0      : -
  Netbios-type      : -
  Position          : Local            Status          : Unlocked
  Gateway-0         : 192.168.3.1
  Mask              : 255.255.255.0
  VPN instance      : --
  ------------------------------------------------------------------
     Start   End     Total  Used  Idle(Expired) Conflict  Disable
  ------------------------------------------------------------------
     192.168.3.1  192.168.3.254   253   1    247(0)       0         5
  ------------------------------------------------------------------
```

从返回的地址池信息中可以看出，之前对网关、地址池网段、DNS服务器地址等信息均已正确设置。最后一行信息中显示的是已经使用1个地址(Used)，排除5个地址(Disable)。已经使用的那个地址，就是网关地址。

5. 区域2各个终端开机后检查各设备的IP地址信息

区域2内各终端开机后，向DHCP服务器申请IP地址并按照地址池的配置信息获取到IP地址。图8-7、图8-8、图8-9分别展示了FTP服务器、PC5、PC6获取的IP地址情况。

图8-7 FTP服务器获取的IP地址信息

图8-8 PC5获取的IP地址信息

图8-9 PC6获取的IP地址信息

6. 再次检查IP地址池信息

```
[R2]display ip pool name PoolR2
   Pool-name       : PoolR2
   Pool-No         : 0
   Lease           : 15 Days 0 Hours 0 Minutes
   Domain-name     : -
   DNS-server0     : 172.16.32.2
```

```
    DNS-server1        : 202.96.64.68
    NBNS-server0       : -
    Netbios-type       : -
    Position           : Local         Status            : Unlocked
    Gateway-0          : 192.168.3.1
    Mask               : 255.255.255.0
    VPN instance       : --
   ---------------------------------------------------------------
   
        Start       End      Total   Used   Idle(Expired)   Conflict   Disable
   ---------------------------------------------------------------
   
       192.168.3.1  192.168.3.254   253    3     245(0)         0         5
   ---------------------------------------------------------------
```

从返回的地址池信息中可以看出，之前对网关、地址池网段、DNS服务器地址等信息均已正确设置。最后一行信息中显示的是已经使用3个地址(Used)，排除5个地址(Disable)。

本章小结

本章介绍了DHCP技术的基本原理，以及DHCP的功能、DHCP报文、客户端请求IP地址的工作原理，并通过实例讲解了基于接口地址池的DHCP服务器配置方法和基于全局地址池的DHCP服务器配置方法。

第 9 章 NAT技术

2019年11月26日,全球43亿个IPv4地址已分配完毕,这意味着没有更多的IPv4地址可以分配给ISP和其他大型网络基础设施提供商。那么,在没有更多的IPv4可分配且IPv6尚未开始全面应用的时候,计算机如何接入因特网呢?

实际上,早在1994年,就有人提出NAT(Network Address Translation,网络地址转换)技术。使用NAT技术,可以将本地IP地址转换为因特网IP地址,从而与因特网上的主机进行通信。

本章将介绍NAT技术的基本原理和基本应用。在本章中,我们将使用NAT技术的内部网络称为"内网",将访问的外部网络称为"外网"。内网就是本地网络,外网可以是因特网,也可以是内网上一级的网络。地址转换在内网与外网连接的路由器上进行,这个路由器称为"网关路由器"。

9.1 项目任务

1. 应用场景

在校园网(企业网类似)的应用场景中,网络管理员会对校园内的数据通信设备进行统一的IP地址规划。但是在访问因特网时,一个学校通常只有很少的互联网公网IP地址。

面对这种情况,网络管理员不可能为校园内每一台终端申请因特网公网地址,这就需要有一个手段,在校园网内终端要访问因特网时,将校园网内网IP地址转换成公网地址进行数据转发,从而达到访问因特网的目的。

本实验项目模拟校园网内网用户访问因特网服务器的场景,使用R1作为网关路由器,用R2路由器模拟因特网主机。通过设备配置,使得内网终端可以访问公网地址主机。

2. 项目实现目标

(1) 完成校园网内网PC的配置。

(2) 在路由器R1上配置不同类型的NAT服务。

(3) 检查PC访问R2的情况。

3. 实验环境拓扑

如图9-1所示，以LSW1模拟校园网内网交换机，以PC1和PC2模拟校园网内网终端，以路由器R2模拟外网主机，路由器R1为校园网网关，在R1上运行NAT服务。各设备地址见表9-1。

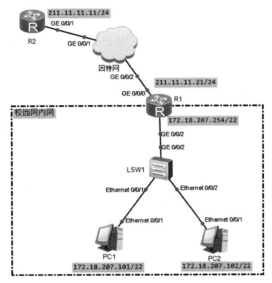

图9-1　NAT实验环境拓扑

表9-1　各设备地址

设备类型	设备名	接口	地址/掩码
路由器	R1	G0/0/0	211.11.11.21/24
		G0/0/2	172.18.207.254/22
	R2	G0/0/1	211.11.11.11/24
终端	PC1	E0/0/1	172.18.207.101/22
	PC2	E0/0/1	172.18.207.102/22

9.2　NAT技术原理

9.2.1　公网IP地址和私有IP地址

1. 公网IP地址

所谓公网IP地址，指的是那些在因特网上可以被直接访问的IP地址。这些IP地址由IANA(The Internet Assigned Numbers Authority，互联网数字分配机构)分配给ISP和大型网络基础设施提供商，再分配给因特网上的各个主机，以提供各种互联网服务。

在IANA之下另有3个分支机构，分别负责欧洲、亚太地区、美国与其他地区的IP地址资源分配与管理。IPv4地址枯竭，就是IPv4的公网IP地址已经分配完毕，再无可用地址。

所有的因特网服务，都要基于IP地址进行寻址访问，所以必须有公网IP才能访问因特网服务。

2. 私有IP地址

公网IP资源有限，而地球上的互联网主机数量早晚会超过IPv4可容纳的数量。为了让更多的主机访问因特网资源，当IANA发现IPv4地址有耗尽趋势的时候，就对地址分配做了一些调整，划分了3个网段作为网络预留IP地址，也就是所谓的私有IP地址。通过NAT技术，将一个私有网络内的IP地址转换成公网IP地址可实现IP地址的复用，从而达到延迟公网IP地址消耗的目的。

IANA为私有IP地址分配了三个网段，地址空间如下所述。

(1) 10.0.0.0/8。A类，地址范围：10.0.0.0~10.255.255.255。

(2) 172.16.0.0/12。B类，地址范围：172.16.0.0~172.31.255.255。

(3) 192.168.0.0/16。C类，地址范围：192.168.0.0~192.168.255.255。

9.2.2 NAT的作用

NAT技术不仅可以解决IP地址不足的问题，还可以实现网络共享访问和隐藏内部网络的功能。

1. 网络共享访问

网络共享访问是NAT技术最大的一个功能。

在图9-1中，校园网内网的两台主机在交换机的连接下，构成了一个局域网，交换机的一个接口连接到R1，内网通过R1访问外网资源。此时，作为网关路由器的R1，由接口G0/0/2与内网相连，这个接口，也称为内网的"网关"；R1的接口G0/0/0与外网相连，这个接口，被称为外网接口。内网网关的IP地址由网关路由器的管理员指定，外网接口的IP地址需要由外网管理员或ISP来提供。

在这种情况下，内网的多个主机，可以通过单一的外网接口来访问外网资源，从而实现多台主机共享访问外网资源的需求。

2. 隐藏内部网络

在内网终端访问外网时，是通过NAT技术转换成外网IP地址后与外网(因特网或上一级网络)主机进行数据通信。这是因为在使用NAT技术时，外网主机无法向内网主机发起通信请求，所以当有一台因特网主机在公网上进行主机扫描时，只能扫描到网关路由器出口的公网IP地址，而无法扫描到内网网络内部。从这个角度看，NAT技术可以在一定程度上防护内部网络内主机的安全。当然，网络安全防护并不是这么简单，限于本书的讲解范围，无法讨论更深层次网络安全的问题，有兴趣的同学可以继续查阅相关资料来学习网络安全知识。

9.2.3 NAT的基本原理

NAT的目的就是在边界路由器上运行网络地址转换操作，从而将内网IP地址转换为外网IP地址后访问因特网。在使用NAT技术时，内网主机不会感觉到自己在访问外网时有IP地址的变化。

传统的地址转换技术包含NAT和NAPT两种。

1. NAT

以图9-1的应用场景为例，PC1和PC2需要经过R1进行地址转换后访问到因特网。

校园网有两个外网IP地址，管理员可以通过配置，将两台内网PC的地址分别转换为对应的外网IP地址，从而实现内网两台PC同时访问外网。此时，如果有两个可以被使用的外网IP地址，管理员就可以在网关路由器R1上建立一个映射表，确定内网IP地址和外网IP地址的对应关系，如表9-2所示。

表9-2 NAT映射表

内网IP地址	可用的外网IP地址
172.18.207.101	211.11.11.31
172.18.207.102	211.11.11.32

1) 内网主机PC1访问外网主机的数据通信过程

映射表建立后，内外主机就可以在通过路由器R1后使用外网IP地址进行互联网的数据通信。此时，内网主机PC1访问外网主机的数据通信过程如下所述。

(1) PC1发出的数据包到达R1的G0/0/2接口。

(2) R1查询路由表，找到出站接口G0/0/0。

(3) 根据出站接口G0/0/0上定义的NAT映射规则，确定该数据包应该被转换地址后转发出去。转发时重新封装数据包，源IP地址改为211.11.11.31。

2) 数据包由R1转发给PC1的通信过程

从因特网返回的数据包，经过R1转发给PC1的通信过程如下所述。

(1) 从因特网返回的数据包到达R1的G0/0/0接口。

(2) R1收到的数据包目标IP地址为211.11.11.31，经查询NAT映射表可知该数据包应该转发给IP地址172.18.207.101。

(3) 查询路由表可知该数据包应该从R1的G0/0/2转发出去，转发时重新封装数据包，目的IP地址为172.18.207.101。

在此模式下，管理员也可以设置成路由器自动执行转换的模式，网关路由器有空余外网地址的时候，可以自动将内部主机地址转换成外部地址，并记录转换的映射关系。

但是这种模式有一个缺点，就是当所有外网IP地址都被占用之后，其他内网主机就没有可以用来转换的外网地址，从而无法访问外部网络。即便可以申请更多的外网IP地址，但是外网IP地址的增长速度总是赶不上内网主机的增长速度，要想解决这个问题，就需要另外一种转换技术：NAPT。

2. NAPT

NAPT(Network Address Port Translation，网络地址端口转换)的提出，是为了满足外网IP地址少于内网主机数量的外网访问需求。NAPT技术在网络地址转换的过程中增加了一个参数——端口。

与NAT方式进行IP地址映射不同，NAPT方式在进行地址转换时，是采用"IP地址+端口号"的二元组进行映射。这样，少量的外网IP地址就可以通过多个端口的绑定为更多内网主机进行转换。以表9-3为例，NAPT可以在内网与外网之间实现映射。

表9-3　NAPT可实现内网与外网之间的映射

内网	外网
172.18.207.101:5131	211.11.11.31:6331
172.18.207.102:5131	211.11.11.31:6332

采用NAPT技术进行网络地址转换，以图9-1为例，在使用表9-3映射的情况下，内网主机PC1访问外网路由器R2的过程如下所述。

(1) PC1发出源IP地址为172.18.207.101、源端口号为5131的数据包，经交换机后到达路由器R1的G0/0/2接口。

(2) R1查询路由表后得知此数据包应该从G0/0/0接口转出。

(3) 根据出站接口定义的NAPT映射表，将PC1的数据包源IP地址转换为211.11.11.31，将源端口号转换为6331，并在NAT转换表中记录此转换规则。

(4) R1以源IP地址 211.11.11.31、源端口号6331重新封装此数据包，从G0/0/0接口发出。

(5) 当收到外网回复的到达此IP地址、此端口号的数据包时，根据之前记录的NAPT转换规则，重新封装数据包发回给PC1。

需要说明的是，R1在执行NAPT操作之前，外网源端口是处于空闲状态的。执行转换时，将一个空闲的端口号分配给要转换的数据包，同时记录NAPT规则，这样就不至于在有其他主机有外网访问时占用相同的端口。

与PC1访问外网的过程类似，当内网主机PC2访问外网时，R1会分配一个新的外网源端口6332给PC2发来的数据包，然后重新封装数据包进行转发。再有其他内网主机的外网访问需求时，R1采用类似的方法，分配不同的端口号后重新封装转发。这样，NAPT技术就实现了使用少量外网IP地址满足多个内网主机访问外网的需求。

9.2.4 NAT的类型

将NAT技术应用在设备上时，可采用静态NAT/NAPT、Easy IP和NAT服务器这几种实现方法，并遵循NAT的基本原理。

1. 静态NAT/NAPT

所谓静态NAT/NAPT，就是指在进行NAT/NAPT的转换配置时，管理员采用绑定内网地址和外网地址的方法。

(1) 静态NAT，绑定的是内网IP地址和外网IP地址，从而实现一对一的绑定关系。在进行地址转换时，内网IP要转换成指定的外网IP，这就导致内网主机访问外网时必须有指定的外网IP。如果内网主机数量比外网IP数量多，就必然有部分主机无法访问外网。

(2) 静态NAPT，映射的是一个包含"IP地址+端口号"的二元组，所以绑定的是"内网主机IP+端口号"和"外网IP+端口号"。同一个外网IP可以根据端口号的不同来区分绑定的内网主机是哪个，所以在同一个时刻就可以有多个内网主机访问外网，这也就解决了静态NAT所无法实现的内网主机大于外网IP数量时访问外网的需求。

2. Easy IP

如果用户采用拨号的方式上网，那么在拨号成功以后，会获得一个由ISP分配的公网IP地址，作为外网IP访问互联网，每次拨号获得的公网IP地址可能是不一样的。如果采用静态NAT/NAPT的方式，管理员需要在每次拨号成功绑定一个固定的公网IP后修改转换规则，这是很麻烦的。

Easy IP的NAT方式，就适用于这种应用场景。当用户在路由器拨号成功，并且获得公网IP地址以后，就会自动地把这个公网IP应用为转换后的外网IP地址，不需要管理员再进行其他的配置操作，内网主机就可以应用这个外网IP来访问互联网资源。如果需要限制内网主机访问互联网资源，可以通过配置访问控制列表(ACL)来进行控制。

这种方式应用简单，配置的工作量小、难度低，比较适合家用或者小型企业的局域网使用。

以图9-1为例，在R1上配置NAT类型为Easy IP，当内网主机访问外网进行地址转换时，会根据端口号来区分到底是哪个内网主机，但与静态NAPT不同的是，管理员并不需要手动指定绑定关系。

表9-4展示的是一种工作在Easy IP方式下的NAT转换表，R1根据此表进行内网与外网之间的地址转换。

表9-4　Easy IP转换

数据流向	转换前		转换后	
	IP地址	端口号	IP地址	端口号
内网 → 外网	172.18.207.101	6331	211.11.11.21	3582
外网 → 内网	211.11.11.21	3582	172.18.207.101	6331
内网 → 外网	172.18.207.102	6331	211.11.11.21	3583
外网 → 内网	211.11.11.31	3583	172.18.207.102	6331

3. NAT服务器

在静态NAT/NAPT或者Easy IP的方式下，内网主机对外是隐藏的，也就是说，外网主机无法主动与内网主机建立连接。

但在某些情况下，内网的某个主机(例如某个特定服务器)是需要被外网访问的，这时就需要有一种技术手段，确保内网的服务器不被屏蔽，可以被外网访问。采用NAT服务器(NAT Server)技术可以解决这个问题。

管理员在网关服务器上，提前配置好转换关系，将"外网IP地址+端口号"和"内网IP地址+端口号"进行绑定，允许数据包进行双向转发。

当有一个外网主机要访问内网某个服务器时，将访问"外网IP地址+端口号"，网关路由器在收到这个访问请求后，进行转换，转换成"内网IP地址+端口号"，从网关地址发出，从而访问内网服务器。

所以，对于外网主机来说，访问这台内网服务器时，访问的目标地址是网关路由器的"外网IP+端口号"，但是由于配置了相应的转换关系，网关路由器会允许这个数据包转发，并转发到转换后的地址，从而实现外网访问内网服务器的请求。

9.2.5　NAT的简单应用

图9-2是一个常用的家庭共享网络解决方案拓扑。在这个解决方案中，台式机、笔记本电脑、智能手机等终端设备构成了一个局域网，局域网内的各个终端设备连接到家庭路

由器，然后接入ISP网络后访问因特网资源。

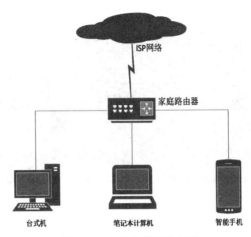

图9-2　家庭共享网络拓扑

在这个解决方案中，每台家庭终端都会被分配一个私有IP地址，在经过家庭路由器进行地址转换后，访问到ISP网络，从而实现因特网的访问。家庭网络中的每一台终端，都共享一个访问出口。

在这个应用中，家庭路由器是核心设备，它既是访问外网的路由器，也是内网交换用的交换机。对外网，路由器可以提供固定IP地址、动态IP地址、PPPoE等方式从ISP处获取外网IP地址；对内网，可以采用DHCP方式为客户端分配IP地址，也接受用户指定的静态IP地址。它通常采用网页界面的方式进行配置，简捷高效，非常适合家庭或者小型局域网。

9.3　项目实现

本部分将以图9-1的拓扑为例，分别按静态NAT、静态NAPT、Easy IP、NAT服务器的方式在R1上配置NAT，并检查配置成功后内外网的数据转发情况。

在进行各项配置之前，表9-1内各个设备的IP地址已经配置完毕，管理员可用的外网IP地址为211.11.11.31和211.11.11.32。

9.3.1　静态NAT的配置

1. 配置前检查连通性

如图9-3所示，在配置静态NAT命令前，在PC1用ping命令检查与R2的连通性，确认处于不通的状态。

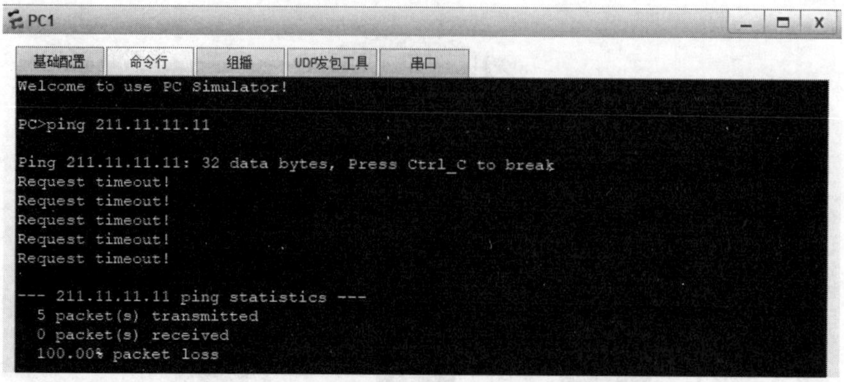

图9-3　配置NAT前检查PC1与R2的连通性

2. 配置静态NAT

静态NAT的配置需要在网关路由器的出口接口进行。本例中，将地址211.11.11.31与PC1进行绑定。需要注意的是，这个绑定的外网IP地址不能是接口G0/0/0的IP地址，否则会产生地址冲突。

如果要给PC2进行地址转换，需要绑定新的外网地址，配置命令与PC1类似。

[R1]int GigabitEthernet 0/0/0

[R1-GigabitEthernet0/0/0]nat static global 211.11.11.31 inside 172.18.207.101

3. 配置后检查

检查NAT配置结果：[R1]display nat static

此命令可以检查网关路由的NAT配置情况。图9-4中，显示在接口G0/0/0下有一条转换关系。同时，还可以在NAT配置中设置端口号、协议类型、应用ACL、添加描述等。读者可以查阅设备文档去进行相关配置，本书仅介绍涉及连通性和验证原理的关键配置。

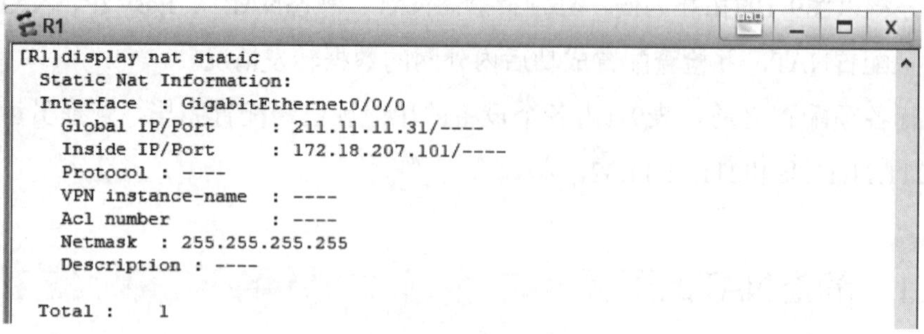

图9-4　NAT配置结果

命令配置成功后，如图9-5所示，PC1可以与R2连通；但是如图9-6所示，PC2仍然无法与R2连通。

图9-5　配置NAT后检查PC1与R2的连通性

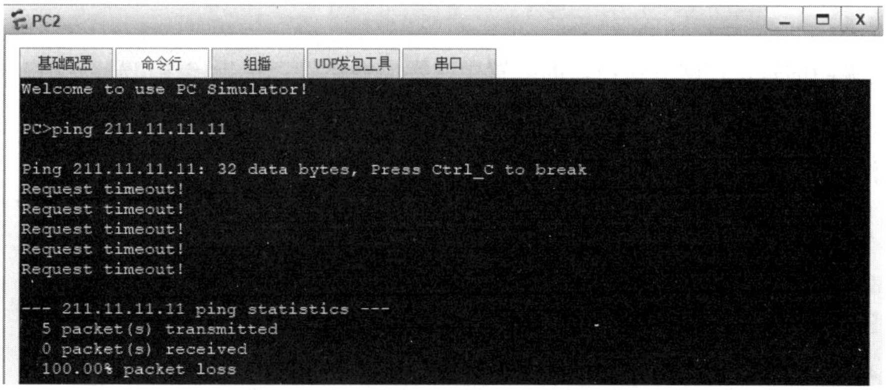

图9-6　检查PC2与R2的连通性

与配置路由不同的是，在R1上配置R2与内网PC的路由，可以使内网PC和R2主动与对方连接。但是在NAT配置的情况下，R2只能识别网关路由器的外网IP地址，就不能主动与内网PC建立连接，从而达到向外网隐藏内网主机的目的。

通过图9-7可知，R2是无法访问PC1的。

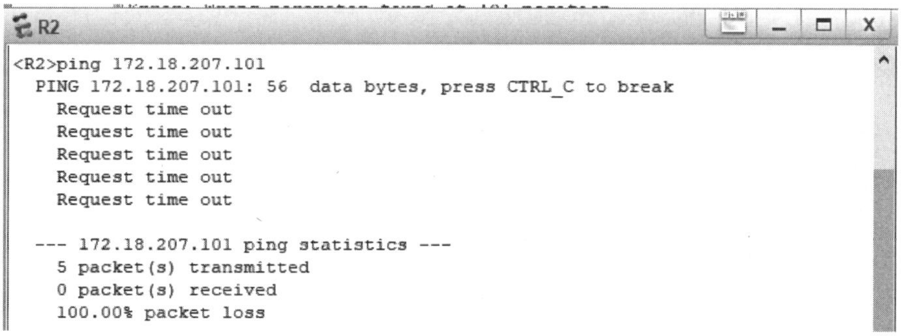

图9-7　R2主动连接PC1

9.3.2 静态NAPT的配置

1. 配置前检查连通性

与配置NAT类似，在配置前，检查PC1和PC2与R2的连通性，确认处于不通的状态。

2. 配置静态NAPT

从NAPT技术原理可知，NAPT工作时，需要在内外网转换关系中使用"IP地址+端口号"的二元组转换，以便多台内网主机可以使用同一个外网IP地址访问外网资源。

在NAPT配置时，需要使用ACL来指定转换的内网IP地址范围，并用地址组命令指定转换的外网IP地址范围(本例中仅指定一个外网地址)，然后在网关路由器的外网接口上定义转换关系。

需要说明的是，在网关路由器的配置中，不需要由管理员指定端口号，端口号在实际使用过程中，会自动分配。

(1) 配置ACL定义内网转换地址范围。

[R1]acl 2020

[R1-acl-basic-2020]rule permit source 172.18.204.0 0.0.3.255

(2) 配置地址组定义外网IP地址范围。

[R1]nat address-group 1 211.11.11.31 211.11.11.31

(3) 在外网接口上定义内网地址和外网地址的转换范围。

[R1]int g0/0/0

[R1-GigabitEthernet0/0/0]nat outbound 2020 address-group 1

3. 配置后检查

(1) 检查ACL配置情况。

图9-8显示了编号为2020的ACL配置情况。

图9-8 检查ACL配置

(2) 检查地址组配置情况。

图9-9显示了编号为1的地址组配置情况。

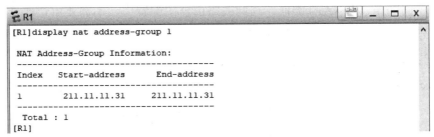

图9-9　检查地址组配置

(3) 检查NAPT配置情况。

图9-10显示了在G0/0/0接口上，ACL2020与地址组1之间的pat类型转换，也就是NAPT类型的转换配置情况。

```
[R1]display nat outbound
NAT Outbound Information:
--------------------------------------------------------
 Interface              Acl    Address-group/IP/Interface    Type
--------------------------------------------------------
 GigabitEthernet0/0/0   2020                           1     pat
--------------------------------------------------------
 Total : 1
[R1]
```

图9-10　检查转换配置

(4) 连通性检查。从PC1和PC2分别用ping命令测试与R2的连通性，显示为正常。测试结果图与NAT类似，此处不再截图。

9.3.3　Easy IP的配置

1. 配置前检查连通性

与配置NAT类似，在配置前，检查PC1和PC2与R2的连通性，确认处于不通的状态。

2. 配置Easy IP

从Easy IP技术原理可以得知，Easy IP工作时，在内外网转换关系中使用"IP地址+端口号"的二元组转换，以便多台内网主机可以使用同一个外网IP地址访问外网资源。

Easy IP的应用，通常在不了解外网IP地址的情况下进行。例如，通过虚拟拨号或者动态获取IP地址的方式从ISP获取外网地址。所以在Easy IP配置时，需要使用ACL来指定转换的内网IP地址范围，然后在网关路由器的外网接口上定义Easy IP转换关系。由于网络管理员并不是提前知道外网IP地址，所以采用Easy IP方式进行转换时，其外网IP地址就是转换接口的IP地址，这与NAT/NAPT方式是不一样的。

需要说明的是，与NAPT类似，在网关路由器的配置中，不需要由管理员指定端口号，端口号在实际使用过程中会自动分配。

(1) 配置ACL定义内网转换地址范围。

[R1]acl 2000

[R1-acl-basic-2000]rule permit source 172.18.204.0 0.0.3.255

(2) 在外网接口上定义内网地址和外网地址的转换范围。

[R1]int g0/0/0

[R1-GigabitEthernet0/0/0]nat outbound 2000

3. 配置后检查

(1) 检查ACL配置情况。

图9-11显示了编号为2000的ACL配置情况。

图9-11　检查ACL配置

(2) 检查Easy IP的配置情况。

图9-12显示了在G0/0/0接口上，ACL2000采用Easy IP类型的转换配置情况。

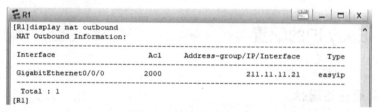

图9-12　检查转换配置

(3) 连通性检查。从PC1和PC2分别用ping命令测试与R2的连通性，显示为正常。测试结果图与NAT类似，此处不再截图。

9.3.4　NAT服务器的配置

从前文介绍的NAT服务器概念可以了解到，NAT服务器主要应用于外网访问内网服务器的情况。为了更好地模拟这类应用，图9-13在图9-1的基础上做了修改，使拓扑图内的设备更贴近这类应用，各个设备的IP地址见图中标注，并已配置完毕。

在内网中，分别放置一台FTP服务器和一台WWW服务器，NAT服务器将IP地址211.11.11.31分配给FTP服务器，将211.11.11.32分配给WWW服务器。

路由器R2的角色是ISP路由器，Client1是一个客户端。为了能使Client1通过访问ISP路由器R2访问因特网资源，需要在R2上配置Easy IP方式的NAT，命令如下：

[R2]acl 2000

[R2-acl-basic-2000]rule permit source 123.111.222.0 0.0.0.255

[R2-acl-basic-2000]int g0/0/1

[R2-GigabitEthernet0/0/1]nat outbound 2000

在R1上配置NAT服务成功后，公网客户端Client1可以通过地址211.11.11.31访问内网的FTP服务器，通过地址211.11.11.32访问内网的WWW服务器。

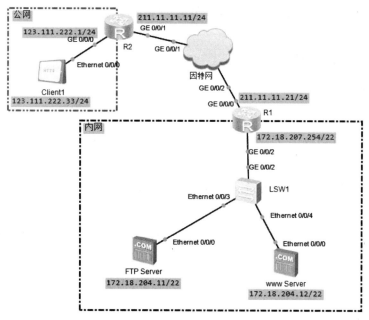

图9-13　NAT服务器配置拓扑图

1. 配置内网服务器信息

(1) 配置FTP服务器。在基础配置页面配置服务器地址，在服务器信息页面配置服务器类型为Ftp Server，选择服务器文件的根目录，并启动服务器，如图9-14所示。

图9-14　FTP服务器配置参数

(2) 配置WWW服务器。在基础配置页面配置服务器地址，在服务器信息页面配置服务器类型为Http Server，选择服务器文件的根目录，并启动服务器，如图9-15所示。

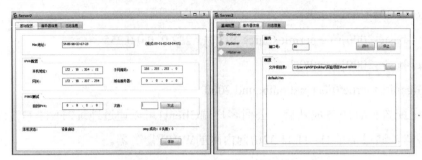

图9-15　WWW服务器配置参数

2. 在R1上配置NAT服务器

(1) 在R1的外网接口上进行配置。

[R1]int g0/0/0

[R1-GigabitEthernet0/0/0]nat server protocol tcp global 211.11.11.31 ftp inside 172.18.204.11 ftp

[R1-GigabitEthernet0/0/0]nat server protocol tcp global 211.11.11.32 www inside 172.18.204.12 www

由于WWW服务器和FTP服务器均采用TCP协议进行连接，所以命令中用protocol tcp表示协议使用情况。

(2) 启用ALG功能。

[R1]nat alg ftp enable

通常情况下，NAT只对数据包的IP地址和端口号进行转换，不转换数据包的载荷部分。但是对于FTP这一类在数据包载荷内携带端口信息的协议，如果网关路由器不做处理，就无法访问相应的服务，类似的协议还有DNS、SIP、PPTP、RTSP等。

启用ALG(Application Level Gateway，应用层网关)，就能够使网关路由器针对某一个协议对数据包的载荷部分携带的IP地址和端口号进行转换，从而可以正确地访问服务器。

3. 检查配置

(1) 检查ALG情况，可以看到用于FTP协议的ALG已成功启用，如图9-16所示。

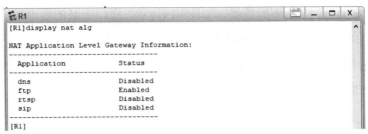

图9-16 检查ALG

(2) 检查R1的NAT服务器配置，从图9-17可以看出，R1上配置的NAT服务器情况，以及FTP和WWW两个服务器分别对应的"外网IP+端口号"与"内网IP+端口号"的转换关系。

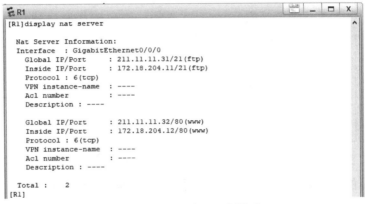

图9-17 NAT服务器配置状态

(3) 检查Client1访问FTP服务器。如图9-18所示，在Client1的客户端信息页面左侧选择客户端类型为FtpClient，输入服务器IP地址(外网地址)，单击"登录"按钮，可以在右下方的服务器文件列表区域看到FTP服务器上的文件列表，此时表示Client通过外网IP地址访问内网FTP服务器成功。

图9-18 Client1访问FTP服务器

(4) 检查Client1访问WWW服务器。如图9-19所示,在Client1的客户端信息页面左侧选择客户端类型为httpClient,输入访问的URL地址(外网地址),单击"获取"按钮,可以看到从WWW服务器上获取的文件信息,并提示是否保存,此时表示Client1通过外网IP地址访问内网WWW服务器成功。

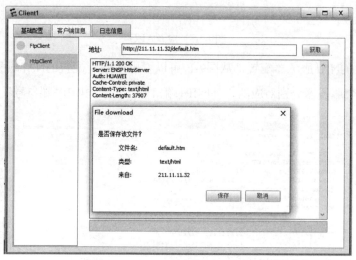

图9-19 Client1访问WWW服务器

(5) 检查R1的NAT会话情况。在Client1进行FTP或WWW服务器访问期间,R1可以查看NAT会话情况,从而反映NAT的转换。

由于Client1是通过Easy IP类型的NAT访问因特网资源的,所以在因特网上Client发出的数据包地址是R1的外网地址,即211.11.11.11。在图9-20的会话信息中,可以看到数据包的源地址是211.11.11.11。

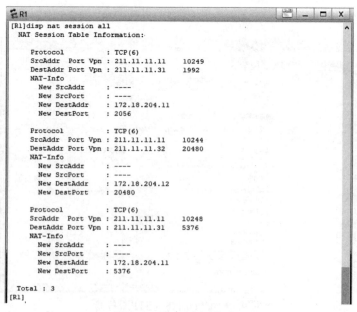

图9-20 NAT会话信息

本章小结

NAT技术是一种内网-外网间地址转换的方法,是数据通信网络中常用的技术。本章介绍了NAT技术的基本原理、NAT技术的类型和简单应用,并通过一个实例,介绍了静态NAT、静态NAPT、Easy IP、NAT服务器的配置方法。

第10章 IPv6技术基础

在IPv4地址已经耗尽的情况下，需要有更好的因特网地址解决方案。在此背景下，IPv6技术在不远的将来会被全面部署。本章将以一个应用实例来介绍基本的IPv6配置和应用。

10.1 项目任务

1. 应用场景

本实验项目是一个IPv6的模拟项目，该项目所使用的技术可以在实际部署IPv6时得到应用。

本实验项目的模拟应用场景在实验楼的数据通信实验室，实验室内有一个网络，由3个路由器、3台交换机以及若干台PC组成。路由器和PC都启用IPv6，交换机为二层交换机。现在需要对各个设备进行配置，以确保网内各个设备之间可以进行正常的数据通信。

2. 项目实现目标

(1) 完成PC的地址配置。
(2) 完成路由器的地址配置。
(3) 在路由器上配置OSPFv3并实现全网互通。

3. 实验环境拓扑

图10-1为本实验项目的拓扑图，拓扑中使用了3个路由器、1个交换机、1台PC，用Cloud将3台路由器连接起来。图10-2为Cloud的配置信息。表10-1为实验环境中各个设备的IPv6地址。

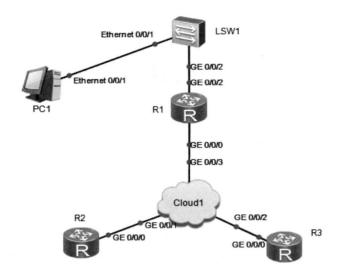

图10-1 IPv6实验环境拓扑图

图10-2 Cloud配置信息

表10-1 各个设备的IPv6地址

设备类型	设备名	接口	地址
路由器	R1	G0/0/0	FE80::1
		G0/0/2	2001:FACE::A/64
		Loopback0	2001:1::A/64
	R2	G0/0/0	FE80::2
		Loopback0	2001:1::B/64
	R3	G0/0/0	FE80::3
		Loopback0	2001:1::C/64

10.2　IPv6技术原理

10.2.1　IPv6的地址

1. IPv6地址格式

IPv6是IETF设计的一套规范，它是IP层协议的第二代标准地址协议，也是IPv4的升级版本。IPv6与IPv4的显著区别是，IPv4地址采用32比特标识，而IPv6地址采用128比特标识。128比特的IPv6地址可以划分更多地址层级，拥有更广阔的地址分配空间，并支持地址自动配置，见表10-2。

表10-2　IPv4与IPv6的地址数量

版本	长度	数量
IPv4	32比特	4 294 967 296
IPv6	128比特	340 282 366 920 938 463 374 607 431 768 211 456

从表10-2中可以看出，IPv6的地址数量几乎是无穷尽的，甚至"可以给地球上每一颗沙子分配一个IP地址"。

IPv6的地址长度为128比特，是IPv4地址长度的4倍。因此，IPv4点分十进制格式不再适用，采用十六进制表示。IPv6有3种表示方法。

1) 冒分十六进制

IPv6地址通常写作"xxxx:xxxx:xxxx:xxxx:xxxx:xxxx:xxxx:xxxx"，其中"xxxx"是4个十六进制数，等同于一个16比特二进制数；8组"xxxx"共同组成了一个128比特的IPv6地址。一个IPv6地址由IPv6地址前缀和接口ID组成，IPv6地址前缀用来标识IPv6网络，接口ID用来标识接口。

以地址"2001:0DB8:0000:0000:0000:0000:0346:8D58"为例，其中，最前面的十六进制"2001"，转换成二进制就是16比特的"0010 0000 0000 0001"；地址中的"2001:0DB8"就是标识网络的前缀，后面的是接口ID。

2) 压缩表示法

从上文中可以看到，地址中有很多个"0"，这对于地址长度为128比特的IPv6地址来说，书写时会非常不方便，而这种情况是经常出现的。为了应对这种情况，IPv6提供了压缩表示法来简化地址的书写，并明确了两条压缩规则。

(1) 每16比特组中的前导0可以省略。

(2) 地址中包含的连续两个或多个均为0的组，可以用双冒号"::"来代替。需要注意的是，在一个IPv6地址中只能使用一次双冒号"::"，否则设备将压缩后的地址恢复成128位时，无法确定每段中0的个数。

按照这两条规则，"2001:0DB8:0000:0000:0000:0000:0346:8D58"先被压缩成"2001:DB8:0:0:0:0:346:8D58"，最终可以表示成"2001:DB8::346:8D58"。

3) 内嵌IPv4地址表示法

为了实现IPv4与IPv6互通，IPv4地址会嵌入IPv6地址中，此时地址常表示为"x:x:x:x:x:x:d.d.d.d"，前96比特采用冒分十六进制表示，而最后32比特地址则使用IPv4的点分十进制表示。例如，"::192.168.0.1"与"::FFFF:192.168.0.1"就是两个典型的例子，注意在前96比特中，压缩0位的方法依旧适用。

2. IPv6地址分类

目前，IPv6地址空间中还有很多地址尚未分配。这一方面是因为IPv6有着巨大的地址空间，足够在未来很多年使用；另一方面是因为寻址方案还有待发展，同时关于地址类型的适用范围也有很多值得商榷的地方。表10-3列出了具体的分类方法。

表10-3　IPv6地址分类

地址类型	地址前缀		说明
	二进制表示	IPv6表示	
单播地址	00..0(128位全0)	::/128	未指定地址
	00..1(前127位0末位1)	::1/128	环回地址
	1111 1110 10	FE80::/10	链路本地地址
	1111 110	FC00::/7	唯一本地地址
	001	2000::/3	全球单播地址
	0010 0000 0000 0001 0000 1101 1011 1000	2001:0DB8::/32	保留地址
组播地址	1111 1111	FF00::/8	
任播地址	从单播地址空间中进行分配，使用单播地址的格式		

(1) 单播地址。目前，有一小部分全球单播地址已经由IANA(互联网名称与数字地址分配机构ICANN的一个分支)分配给了用户。单播地址的格式是2000::/3，代表公共IP网络上任意可及的地址。IANA负责将该段地址范围内的地址分配给多个区域互联网注册管理机构(RIR)。RIR负责全球5个区域的地址分配，以下几个地址范围已经分配：2400::/12 (APNIC)，2600::/12 (ARIN)，2800::/12 (LACNIC)，2A00::/12 (RIPE NCC)和2C00::/12 (AfriNIC)。它们使用单一地址前缀标识特定区域中的所有地址。2000::/3地址范围中还为文档示例预留了地址空间，如2001:0DB8::/32。

链路本地地址只能在连接到同一本地链路的节点之间使用，可以在自动地址分配、邻居发现和链路上没有路由器的情况下使用链路本地地址。以链路本地地址为源地址或目的地址的IPv6报文不会被路由器转发到其他链路。链路本地地址的前缀是FE80::/10。

(2) 组播地址。组播地址的前缀是FF00::/8。组播地址范围内的大部分地址都是为特定组播组保留的。跟IPv4一样，IPv6的组播地址还支持路由协议。IPv6中没有广播地址，组播地址替代广播地址可以确保报文只发送给特定的组播组而不是IPv6网络中的任意终端。

IPv6还包括一些特殊地址，比如未指定地址::/128。如果没有给一个接口分配IP地址，该接口的地址则为::/128。需要注意的是，不能将未指定地址跟默认IP地址::/0相混淆，默认IP地址::/0跟IPv4中的默认地址0.0.0.0/0类似。

IPv4的环回地址127.0.0.1在IPv6中被定义为保留地址::1/128。

10.2.2 IPv6的路由

在企业网络中，IPv6技术的应用越来越普及。IETF组织针对IPv6网络制定了两种路由协议，即RIPng和OSPFv3。OSPFv3是运行在IPv6网络的OSPF协议，运行OSPFv3的路由器使用物理接口的链路本地单播地址为源地址来发送OSPF报文。相同链路上的路由器互相学习与之相连的其他路由器的链路本地地址，并在报文转发的过程中，将这些地址当作下一跳信息使用，虚链路的场景不在本课程的讨论范围内。

IPv6中使用组播地址FF02::5来表示AllSPFRouters，而OSPFv2中使用的是组播地址224.0.0.5。需要注意的是，OSPFv3和OSPFv2版本互不兼容。在OSPFv3中的路由条目中，下一跳地址是链路本地地址。

Router ID在OSPFv3中也是用于标识路由器的。与OSPFv2的Router ID不同，OSPFv3的Router ID必须手工配置；如果没有手工配置Router ID，OSPFv3将无法正常运行。OSPFv3在广播型网络和NBMA网络中选举DR和BDR的过程与OSPFv2相似。IPv6使用组播地址FF02::6表示AllDRouters，而OSPFv2中使用的是组播地址224.0.0.6。在NBMA和广播型网络中，OSPFv3选举DR和BDR的过程与OSPFv2相似。

OSPFv3基于链路而不是网段。在配置OSPFv3时，不需要考虑路由器的接口是否配置在同一网段，只要路由器的接口连接在同一链路上，就可以不配置IPv6全局地址而直接建立联系。这一变化影响了OSPFv3协议报文的接收、Hello报文的内容以及网络LSA的内容。

10.2.3 IPv6地址的配置

1. 有状态地址自动配置

与IPv4相似，可以使用DHCPv6给IPv6设备自动分配地址，这种方式被称为有状态地址自动配置(Stateful Address Auto Configuration)。

这种地址配置方式，与DHCP给IPv4设备分配地址的工作方式基本一致，需要有一台运行DHCPv6服务的设备，IPv6设备向DHCPv6服务器请求地址。

本项目将实现此配置方式。

2. 无状态地址自动配置

SLAAC(Stateless Address Autoconfiguration，无状态地址自动配置)是一种不需要独立服务器，也不需要管理员参与操作的自动地址配置方式。

IPv6支持无状态地址自动配置，无须使用诸如DHCP之类的辅助协议，主机即可获取IPv6前缀并自动生成接口ID。路由器发现功能是IPv6地址自动配置功能的基础，主要通过以下两种报文实现。

(1) RA消息。每台路由器为了让二层网络上的主机和其他路由器知道自己的存在，定期以组播方式发送携带网络配置参数的RA报文。RA报文的Type字段值为134。

(2) RS消息。主机接入网络后可以主动发送RS报文。RA报文是由路由器定期发送的，但是如果主机希望能够尽快收到RA报文，它可以立刻主动发送RS报文给路由器。网络上的路由器收到该RS报文后，会立即向相应的主机单播回应RA报文，告知主机该网段的默认路由器和相关配置参数。RS报文的Type字段值为133。

10.3 项目实现

10.3.1 配置指定的IPv6地址

按照表10-1标明的地址，给各个设备配置IPv6地址。在路由器配置地址之前，需要启用路由器的IPv6协议，在进入接口视图进行配置时也要先启用IPv6协议。由于3台路由器的配置方法相同，只在配置R1时给出路由器配置说明即可。

1. 配置R1的接口地址

(1) 启用路由器的IPv6协议。

[R1]ipv6

(2) 进入loopback0接口，启用IPv6协议，配置地址。

[R1]interface loopback 0

[R1-LoopBack0]ipv6 enable

[R1-LoopBack0]ipv6 address 2001:1::A 64

[R1-LoopBack0]quit

(3) 进入G0/0/0接口，启用IPv6协议，配置地址。

[R1]interface GigabitEthernet 0/0/0

[R1-GigabitEthernet0/0/0]ipv6 enable

[R1-GigabitEthernet0/0/0]ipv6 address fe80::1 link-local

[R1-GigabitEthernet0/0/0]quit

2. 配置R2的接口地址

[R2]ipv6

[R2]interface loopback 0

[R2-LoopBack0]ipv6 enable

[R2-LoopBack0]ipv6 address 2001:1::B 64

[R2-LoopBack0]quit

[R2]interface GigabitEthernet 0/0/0

[R2-GigabitEthernet0/0/0]ipv6 enable

[R2-GigabitEthernet0/0/0]ipv6 address fe80::2 link-local

[R3-GigabitEthernet0/0/0]quit

3. 配置R3的接口地址

[R3]ipv6

[R3]interface loopback 0

[R3-LoopBack0]ipv6 enable

[R3-LoopBack0]ipv6 address 2001:1::C 64

[R3-LoopBack0]quit

[R3]interface GigabitEthernet 0/0/0

[R3-GigabitEthernet0/0/0]ipv6 enable

[R3-GigabitEthernet0/0/0]ipv6 address fe80::3 link-local

[R3-GigabitEthernet0/0/0]quit

4. 检查接口的地址配置信息

以R3路由器的G0/0/0接口为例，查看接口的配置信息，其他接口可以用同样的方法查看。

[R3]display ipv6 interface GigabitEthernet 0/0/0

GigabitEthernet0/0/0 current state:UP

IPv6 protocol current state:UP

IPv6 is enabled, link-local address is FE80::3

 No global unicast address configured

 Joined group address(es):

  FF02::1:FF00:3

  FF02::2

  FF02::1

 MTU is 1500 bytes

 ND DAD is enabled, number of DAD attempts:1

 ND reachable time is 30000 milliseconds

 ND retransmit interval is 1000 milliseconds

 Hosts use stateless autoconfig for addresses

从命令响应的状态看，该接口已经正确配置了IPv6地址，并且通过DAD测试，没有发现地址冲突。

IPv6接口可以通过加入多个组播组(如FF02::1和FF02::2)来重复地址检测(DAD)，证实本地链路地址是独一无二的，以支持无状态地址自动配置(SLAAC)。

5. 检查链路是否畅通

从R3路由器的G0/0/0接口用ping IPv6命令测试该接口与R2路由器的G0/0/0接口链路是否畅通，其他链路地址可以用同样的方法检查。

[R3]ping ipv6 fe80::2 -i g0/0/0

 PING fe80::2:56 data bytes, press CTRL_C to break

  Reply from FE80::2

  bytes=56 Sequence=1 hop limit=64 time = 290 ms

  Reply from FE80::2

  bytes=56 Sequence=2 hop limit=64 time = 20 ms

  Reply from FE80::2

  bytes=56 Sequence=3 hop limit=64 time = 20 ms

  Reply from FE80::2

  bytes=56 Sequence=4 hop limit=64 time = 30 ms

Reply from FE80::2

bytes=56 Sequence=5 hop limit=64 time = 20 ms

--- fe80::2 ping statistics ---

5 packet(s) transmitted

5 packet(s) received

0.00% packet loss

round-trip min/avg/max = 20/76/290 ms

从命令反馈看，该链路地址可以ping通，也就说明该链路是畅通的。

但是，通过命令可以看到，尽管链路地址已经畅通，但是仍然无法ping通其他路由器的loopback0接口。

[R3]ping ipv6 2001:1::b

PING 2001:1::b : 56 data bytes, press CTRL_C to break

Request time out

Request time out

Request time out

Request time out

Request time out

--- 2001:1::b ping statistics ---

5 packet(s) transmitted

0 packet(s) received

100.00% packet loss

round-trip min/avg/max = 0/0/0 ms

这说明路由器之间可以通信，但是路由器所接的其他设备还无法通信。从路由表看，R3路由器并没有到达其他路由器的全球单播地址的路径，需要进一步配置。

[R3]disp ipv6 routing-table

Routing Table : Public

Destinations : 4   Routes : 4

Destination : ::1   PrefixLength : 128
NextHop   : ::1   Preference   : 0
Cost   : 0   Protocol   : Direct
RelayNextHop : ::   TunnelID   : 0x0
Interface   : InLoopBack0   Flags   : D

Destination : 2001:1::   PrefixLength : 64
NextHop   : 2001:1::C   Preference   : 0
Cost   : 0   Protocol   : Direct
RelayNextHop : ::   TunnelID   : 0x0
Interface   : LoopBack0   Flags   : D

Destination : 2001:1::C   PrefixLength : 128
NextHop   : ::1   Preference   : 0
Cost   : 0   Protocol   : Direct
RelayNextHop : ::   TunnelID   : 0x0
Interface   : LoopBack0   Flags   : D

Destination : FE80::   PrefixLength : 10
NextHop   : ::   Preference   : 0
Cost   : 0   Protocol   : Direct
RelayNextHop : ::   TunnelID   : 0x0
Interface   : NULL0   Flags   : D

10.3.2 配置OSPFv3

路由器无法ping通其他路由器的loopback0端口的原因与IPv4相同，是因为没有相应的路径，路由表中没有相应的条目。本项目将通过OSPFv3协议来进行动态配置。

本项目中，3个路由器的接口均划入OSPF的area 0区域，3个路由器分别指定不同的ID。

1. 在R1配置OSPF信息

(1) 启用OSPFv3协议，设置路由器ID为1.1.1.1。

[R1]ospfv3 1

[R1-ospfv3-1]router-id 1.1.1.1

[R1-ospfv3-1]quit

(2) 将G0/0/0接口和loopback0接口划入OPPF的区域0。

[R1]interface GigabitEthernet 0/0/0

[R1-GigabitEthernet0/0/0]ospfv3 1 area 0

[R1-GigabitEthernet0/0/0]quit

[R1]interface loopback 0

[R1-LoopBack0]ospfv3 1 area 0

[R1-LoopBack0]quit

2. 在R2配置OSPF信息

[R2]ospfv3 1

[R2-ospfv3-1]router-id 2.2.2.2

[R2-ospfv3-1]quit

[R2]interface GigabitEthernet 0/0/0

[R2-GigabitEthernet0/0/0]ospfv3 1 area 0

[R2-GigabitEthernet0/0/0]quit

[R2]interface loopback 0

[R2-LoopBack0]ospfv3 1 area 0

[R2-LoopBack0]quit

3. 在R3配置OSPF信息

[R3]ospfv3 1

[R3-ospfv3-1]router-id 3.3.3.3

[R3-ospfv3-1]quit

[R3]interface GigabitEthernet 0/0/0

[R3-GigabitEthernet0/0/0]ospfv3 1 area 0

[R3-GigabitEthernet0/0/0]quit

[R3]interface loopback 0

[R3-LoopBack0]ospfv3 1 area 0

[R3-LoopBack0]quit

4. 检查路由的邻居信息

分别在3台路由器上检查自己的邻居信息，可以看出路由器均已建立了完全的邻居关系，其中路由器ID为1.1.1.1的路由器是DR。

[R1]disp ospfv3 peer

OSPFv3 Process (1)

OSPFv3 Area (0.0.0.0)

Neighbor ID	Pri	State	Dead Time	Interface	Instance ID
2.2.2.2	1	Full/Backup	00:00:32	GE0/0/0	0
3.3.3.3	1	Full/DROther	00:00:30	GE0/0/0	0

[R2]disp ospfv3 peer

OSPFv3 Process (1)

OSPFv3 Area (0.0.0.0)

Neighbor ID	Pri	State	Dead Time	Interface	Instance ID
1.1.1.1	1	Full/DR	00:00:39	GE0/0/0	0
3.3.3.3	1	Full/DROther	00:00:34	GE0/0/0	0

[R3]disp ospfv3 peer

OSPFv3 Process (1)

OSPFv3 Area (0.0.0.0)

Neighbor ID	Pri	State	Dead Time	Interface	Instance ID
1.1.1.1	1	Full/DR	00:00:40	GE0/0/0	0
2.2.2.2	1	Full/Backup	00:00:37	GE0/0/0	0

5. 检查路由表和连通性

以R3为例，查看路由表可知，已经建立了到达其他路由器loopback0接口的路径，用ping命令可以测试出连接畅通。

(1) 查看路由表。

R3>disp ipv6 routing-table

Routing Table : Public

    Destinations : 6   Routes : 6

Destination : ::1   PrefixLength : 128

NextHop   : ::1   Preference   : 0

Cost   : 0   Protocol   : Direct

RelayNextHop : ::   TunnelID   : 0x0

Interface   : InLoopBack0   Flags   : D

Destination : 2001:1::   PrefixLength : 64

NextHop   : 2001:1::C   Preference : 0
Cost   : 0   Protocol   : Direct
RelayNextHop : ::   TunnelID   : 0x0
Interface   : LoopBack0   Flags   : D

Destination : 2001:1::A   PrefixLength : 128
NextHop   : FE80::1   Preference : 10
Cost   : 1   Protocol   : OSPFv3
RelayNextHop : ::   TunnelID   : 0x0
Interface   : GigabitEthernet0/0/0 Flags   : D

Destination : 2001:1::B   PrefixLength : 128
NextHop   : FE80::2   Preference : 10
Cost   : 1   Protocol   : OSPFv3
RelayNextHop : ::   TunnelID   : 0x0
Interface   : GigabitEthernet0/0/0 Flags   : D

Destination : 2001:1::C   PrefixLength : 128
NextHop   : ::1   Preference : 0
Cost   : 0   Protocol   : Direct
RelayNextHop : ::   TunnelID   : 0x0
Interface   : LoopBack0   Flags   : D

Destination : FE80::   PrefixLength : 10
NextHop   : ::   Preference : 0
Cost   : 0   Protocol   : Direct
RelayNextHop : ::   TunnelID   : 0x0
Interface   : NULL0   Flags   : D

(2) 检查连通性。

[R3]ping ipv6 2001:1::a
　PING 2001:1::a : 56 data bytes, press CTRL_C to break
　　Reply from 2001:1::A
　　bytes=56 Sequence=1 hop limit=64 time = 80 ms

Reply from 2001:1::A

bytes=56 Sequence=2 hop limit=64 time = 20 ms

Reply from 2001:1::A

bytes=56 Sequence=3 hop limit=64 time = 40 ms

Reply from 2001:1::A

bytes=56 Sequence=4 hop limit=64 time = 10 ms

Reply from 2001:1::A

bytes=56 Sequence=5 hop limit=64 time = 20 ms

--- 2001:1::a ping statistics ---

5 packet(s) transmitted

5 packet(s) received

0.00% packet loss

round-trip min/avg/max = 10/34/80 ms

10.3.3 配置DHCPv6

当有PC要接入网络时，通常要经过二层交换机接入，如图10-1中的PC1就是通过LSW1接到路由器R1上，然后访问网络资源。

与IPv4类似，IPv6中也有动态主机分配协议HDCPv6，用于向主机分配IPv6地址，实际的配置过程也与IPv4类似。

本项目将在R1上启动DHCPv6服务器，PC1将会从R1获取IPv6地址，并可访问网络资源。R2和R3上的配置类似，请读者自行配置。

1. 启动DHCPv6服务

在R2上启动DHCPv6服务器功能，为其他设备配置IPv6地址；然后创建IPv6地址池，并指定地址池中IPv6地址的前缀和前缀长度；再配置IPv6地址池中不参与自动分配的IPv6地址(通常为网关地址)以及DNS服务器的IPv6地址。

(1) 启动DHCP服务，并启动地址池。

[R1]dhcp enable

[R1]dhcpv6 pool pool1

(2) 设置地址前缀和DNS服务器地址，并设置排除地址，以此地址作为网关地址。

[R1-dhcpv6-pool-pool1]address prefix 2001:FACE::/64

[R1-dhcpv6-pool-pool1]dns-server 2001:444e:5300::1

[R1-dhcpv6-pool-pool1]excluded-address 2001:FACE::A

[R1-dhcpv6-pool-pool1]quit

2. 设置网关地址和地址池名称

将G0/0/2接口的地址配置为网关地址，并配置DHCPv6服务器功能和指定的地址池名称。

[R1]interface GigabitEthernet 0/0/2

[R1-GigabitEthernet0/0/2]ipv6 address 2001:FACE::A 64

[R1-GigabitEthernet0/0/2]dhcpv6 server pool1

3. 配置终端

(1) 配置地址获取方式。如图10-3所示，将PC1的IPv6配置设置为"DHCPv6"，单击"应用"按钮。

图10-3 PC1配置

(2) 获取地址。用ipconfig命令检查地址获取情况，如图10-4所示，已经正确获取IPv6地址。

图10-4　获取到IPv6地址

(3) 访问网络上其他主机。在R1的G0/0/2接口配置OSPFv3后，R1会建立访问其他接口的路由表，PC1可以访问其他网络资源，图10-5展示了PC1可以访问R3的loopback0接口。

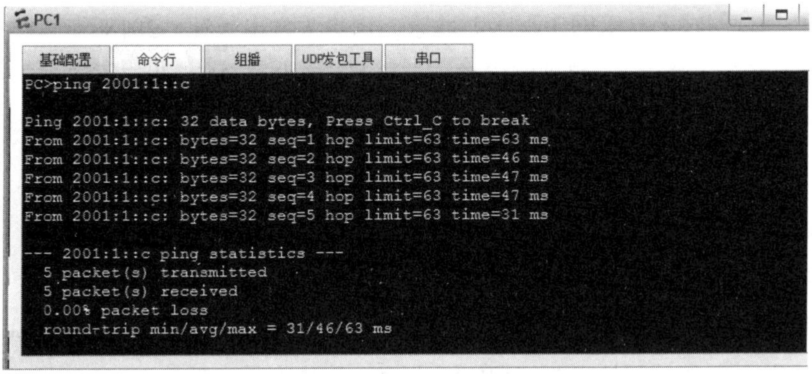

图10-5　访问R3接口的连通性测试

本章小结

本章讲解了IPv6技术基本原理，包括地址、路由、地址配置，并通过实例介绍了IPv6地址的配置方法，在IPv6下动态路由协议OSPFv3的配置方法，以及DHCPv6的配置方法。读者在学习完本章内容后，会具备配置IPv6的基本能力。

参考文献

[1] 周昕，等. 数据通信与网络技术[M]. 2版. 北京：清华大学出版社，2014.

[2] 谢希仁. 计算机网络[M]. 7版. 北京：电子工业出版社，2017.

[3] 苗凤君. 局域网技术与组网工程[M]. 北京：清华大学出版社，2018.

[4] 杨昊龙，杨云，沈宇春. 局域网组建、管理与维护[M]. 3版. 北京：机械工业出版社，2019.

[5] Kurose J F，Ross K W. 计算机网络：自顶向下方法[M]. 陈鸣，等译. 7版. 北京：机械工业出版社，2018.

[6] 王新良. 计算机网络[M]. 北京：机械工业出版社，2018.

[7] 苏英如，王俊红，王培军. 局域网技术与组网工程[M]. 北京：清华大学出版社，2010.

[8] 李琳，姜春雨. 局域网技术与应用[M]. 北京：清华大学出版社，2004.

[9] 蔡晶晶，李炜. 网络空间安全导论[M]. 北京：机械工业出版社，2017.

[10] 蒋天发，苏永红. 网络空间信息安全[M]. 北京. 电子工业出版社. 2017.

[11] 华为技术有限公司. HCNA网络技术学习指南[M]. 北京：人民邮电出版社，2015.

[12] 陈明. 网络实验教程[M]. 北京：清华大学出版社，2005.

[13] 华为技术有限公司. HCNA-WLAN学习指南[M]. 北京：人民邮电出版社，2015.

[14] 吴礼发，洪征，李华波. 网络攻防原理与技术[M]. 北京：机械工业出版社，2017.

[15] 田果，刘丹宁，余建威，等. 网络基础[M]. 北京：人民邮电出版社，2017.

[16] 刘丹宁，田果，韩士良. 路由与交换技术[M]. 北京：人民邮电出版社，2017.

[17] 田果，刘丹宁，余建威. 高级网络技术[M]. 北京：人民邮电出版社，2017.

[18] 崔勇，吴建平. 下一代互联网与IPv6过渡[M]. 北京：清华大学出版社，2014.

[19] 陈熙，赵欢. 中国院校信息化建设理论与实践[M]. 北京：国家行政学院出版社，2013.

[20] 王洪，贾卓生，唐宏. 计算机网络应用教程[M]. 2版. 北京：机械工业出版社，2003.

[21] 刘申菊. 网络互联设备(项目教学版)[M]. 北京：清华大学出版社，2018.

[22] 汪涛，汪双顶. 无线网络技术导论[M]. 3版. 北京：清华大学出版社，2018.

[23] 泰克教育集团. HCIE路由交换学习指南[M]. 北京：人民邮电出版社，2017.

[24] 张国清. QoS在IOS中的实现与应用[M]. 北京：电子工业出版社，2010.

[25] 杨庚，章韵，成卫青，等. 计算机通信与网络[M]. 北京：清华大学出版社，2009.

[26] 徐宇杰. 路由技术深入分析[M]. 北京：清华大学出版社，2009.

[27] 曹继承. 基于QoS的Web服务推荐算法研究[D]. 南京：南京邮电大学，2018.

[28] 王娟，张志勋，徐延强. 基于网络的Qos解决方案[J]. 中国新通信，2018，20(20)：118-119.